羽澄俊裕［著］

外来動物対策のゆくえ

Controlling Alien Mammal Species in Japan: Biodiversity and the New Wild Theory

生物多様性保全とニュー・ワイルド論

東京大学出版会

Controlling Alien Mammal Species in Japan:
Biodiversity and the New Wild Theory
Toshihiro HAZUMI
University of Tokyo Press, 2024
ISBN978-4-13-063961-3

はじめに

この本を手にしたあなたは、きっと外来種の問題を耳にされたことがあるのでしょう。身近に問題が浮上したとか、自然保護に関心を持ってみたらこの問題を避けては通れなくなったとか、あるいは仕事に絡んでのことでしょうか。

私は外来種の専門家ではありません。長らく野生動物の保護の仕事をしながら、いろいろな鳥獣行政の会議に参加する中で、伊豆大島のキョン対策や小笠原諸島父島のノヤギ対策にも関わることになって、二〇二一年に初めて小笠原の地を踏みました。そして、そのすばらしい景観もさることながら、人々の外来種対策にかける熱意に驚かされました。なぜなら本土部では「特定外来生物」に指定された動物がどんどん分布を広げているのに、多くの自治体が対策を前に進められず、諦めに近い状態が続いているからです。この違いはどうして生まれるのか、なんとも気になったことが本書を書き始めたきっかけです。そんなわけで、この本は外来種の生物学について書いたものではありません。外来種をテーマにして、日本の自然保護の社会システムやその思想的背景について、いわば人文社会学的に考えてみた本です。

まだまだ知られていないせいもあって、世間的には「外来種」、「外来生物」という用語の使い分けなどされていないのですが、法律では明確に区別されています。「外来生物」とはあくまで海外からわが国に持ち込まれた生物種のことを指し、「外来種」とは国内の在来種も含めて、本来、生息することのない地域に人為的に持ち込まれた生物種の全体を指します。本書もこれに従いました。法律用語ではない「外来動物」や「外来哺乳類」は、適宜、話の流れで用いました。ところで、外来種には動物から植物までたくさんの種類があって、それぞれ異なる特徴を持つものですから、とても私の手には負えません。そのため、この本では私が専門にしてきた哺乳類を中心に話を進めました。それでさえ、じつにたくさんの問題と出会いました。

そもそも外来動物とは、人間が関与して、ありえない移動を強いられた動物たちのことです。その人間の関与とはなんだったのか。そのことをちゃんと理解してかからないと問題の解決にはつながらない。そう思って深掘りしてみました。そして、さまざまな情報に触れるうちに、今ごろになって外来種の問題が生物多様性保全の核心をつくテーマであることに気がつきました。サブタイトルに記したニュー・ワイルド論とは、外来種の排除を掲げる生物多様性条約の流れに異を唱える学者や科学ジャーナリストたちの問題提起のことです。いずれも地球環境の将来を見すえた生物多様性保全に関する深い思考と出会います。

ご存じの方は少ないでしょうが、三〇年ほど前の平成の始まるころから、日本の森林に重くのしかかっている問題がシカの増加です。山の中で密度の高まったシカが植物に強い食圧をかけて、地表面をまる裸にしています。そのことで土壌の乾燥化や流出が起きて、急斜面では根の浮き出た大木が大風で倒れ、幹の全周をかじられた樹木が立ち枯れて、全国の森林が強いダメージを受けています。この現象は自然公園の景観を壊し、生物多様性を劣化させるので、国も自治体も総出でシカの捕獲を強化していま す。その法的根拠は外来種と同じ「生態系の害」です。

そこにためらいが生まれます。シカは外来種ではありません。人間よりも前から日本列島にすんでいる在来の大型動物であり、この国の生物多様性の重要な位置にあります。なによりシカは植物を食べる動物ですから、その食圧が高まることも生態系の一つの姿です。そこに害の概念をあてはめることは正しいか、捕獲強化を支えながらも私はずっと疑問に思ってきました。ところが、外来種の問題を考えていくうちに、シカを減らすことの意味にもようやくたどりつけた気がします。

日本の法律における「害」の概念はあくまで人間にとっての損失のことです。では、「生態系の害」とはなにを意味するのでしょう。このことを理解することがとても重要なポイントです。けっきょくのところ、「人間も生物多様性も危機に直面している」との現実を前に、私たち人間が生き延びるために必要な選択だということです。シカの問題も外来種の問題もそこに横たわっているのです。そして、危機を脱するには今世紀中に私たちの生活を大幅に修正しなくてはなりません。これには人類の全体が取り組まなくてはならないのです。少しでも多くの人たち、とくにこれから先の時代を担う若い人たちに理解していただくために、そのための材料、迷い込んだ迷路から脱け出す道標の一つになればよいと思いながら、この本を書きました。

本書は全体を四つに分けています。第1章では、そもそも外来種という概念が生まれた経緯について整理しました。人間が動植物を移動させるなんてことは、うんと古い時代から行ってきたことです。人類はそのことによって生き延び、文化を生み、進化をとげたといえなくもないのです。にもかかわらず、ほんの三〇年ほど前に生物多様性条約が誕生すると、人間に害を与えるという理由で外来種の排除が始まりました。なぜそうした選択に至ったのか。まずはその理由を理解することから始めました。

第2章、第3章では、日本のそれぞれの現場で、外来動物の対策がどのように行われているか、その様子をできるだけ拾い出しました。積極的に対策が進む事例もあれば、うまくいかない事例もある。その理由を知りたいと思ったからです。第2章では島嶼部の事例を紹介しました。島という小さな孤立した空間が生物にとってどんな意味を持ってきたのか、さらに人間による利用が島の自然にどんな影響をもたらしたのか、それを知っておくことはとても重要です。島にはそこにしか存在しない固有の生物種が多く、自然の希少性の高さが積極的な外来動物対策につながっています。ただし、すべての島がそういうわけではありません。その理由も理解しておく必要があります。第3章では本土部の事例を紹介しました。島のような閉鎖系ではないので問題はどんどんと広がって、多くの外来動物対策はうまくいっていません。それでも早期の対策によって排除に成功した事例もありました。その違いを生む理由はなにか、そこにヒントが隠れています。

第4章では、「外来動物対策においてなにが正しい選択であるか」との問いを立ててみました。まずは、外来種を排除するという行為に対して世界にはさまざまな考え方があることを紹介します。ここで取り上げたニュー・ワイルド論によって生物多様性保全のことを深く考えさせられました。さらに、これからの時代の前提となる人新世論や第六の絶滅論などとともに、人類と生物多様性の一蓮托生の関係について思いをめぐらすうちに、技術革新が引き起こす問題についても考えざるをえませんでした。未来の想像とはいえ、さほど先のことではありません。もしも技術革新が人間の価値観まで変えてしまうなら、外来種の扱いも違ってきます。

最後に、現在の日本だからこそ着目すべき外来動物対策のポイントについて拾い出しておきました。人口減少によっても、多発する災害によっても、それらに翻弄される人間活動によっても、日本列島の自然は変化を強いられます。その混沌の現場だからこそ秘かに大胆に入り込んでくるのが外来動物です。そんな彼らと向き合うには、こちらも変化を順応的にとらえる心構えと体制を整えておく必要があります。外来種の影響をできるだけ小さく抑え込んで次の世代に引き継ぐことは、現代を生きる私たちの責任だと思うのです。

外来動物対策のゆくえ／目次

外来動物対策のゆくえ

第1章　外来種とはなにか

1　外来種の起源

人類の登場

外来種のことを考える前に、この問題を起こした人間のことを振り返っておきます。動物の一種である私たちはどのようにして現在に至ったのか。そのことを理解するために、歴史学者のユヴァル・ノア・ハラリさんが二〇一一年に出版した"Sapiens: A Brief History of Humankind"（邦題『サピエンス全史』）や、分子人類学者の篠田謙一さんが二〇二二年に出した『人類の起源』を参考にして、最先端の遺伝子解析技術が明らかにした人類の複雑な進化の物語をたどってみます。ちなみに私たちは自分たちのことを「人間」と呼びますが、生物の種として表現するときはカタカナで「ヒト」と表記します。

時代を超えて表現するときには「人類」という言葉を使います。本書でもそうした使い分けをします。

人類の祖先は進化の過程でサルの祖先と枝分かれして、約四〇〇万年前あたりに複数の種からなるオーストラロピテクス属（猿人）としてアフリカの地に登場しました。その骨の形状に認められる直立二足歩行や道具を使い始めた痕跡が、人類への分岐の証拠とされています。そして、どこかの段階でホモ属（ヒト属）へと進化しました（原人）。さらに約二〇〇万年前のころに、ホモ属のうちの今のところホモ・エレクトスとしてひとくくりにされている種たちがアフリカの地を脱け出して、ユーラシア大陸の広い範囲に分布を拡大しました。生物は異なる環境に進出すると、それぞれの環境にうまく適応できれば異なる種へと進化する可能性が生まれます。ホモ・エレクトスもそれぞれの地で異なる進化をとげて、今から数十万年前の段階で、ホモ属の中に複数の別種の人類（旧人類）が誕生していたことが確認されています。

現在の科学では、アフリカ大陸からユーラシア大陸の広い範囲に、ネアンデルタール人系統、デニソワ人系統、サピエンス人系統という三つの系統からなる複数の種が存在していたと考えられています。万の単位の長い時間の中で絶滅した種もいれば、同所的に暮らし、種間で交配の機会があったことも確認されています。大きな移動や種のシャッフルには大規模な環境変動がきっかけになっただろうとか、種によっては三〇万年前に火を使っていた可能性もあり、うまく火を扱った種のほうが生き残りには有利だったとか、いろいろ推論されています。

現代の私たちにつながるホモ・サピエンス（現生人類）の系統は、二〇万年前までのどこかの時点でアフリカの地に誕生して、そのうちのいくつかの種が何度かアフリカの地を出て、ユーラシア大陸のヨーロッパ方面やアジア方面へと分布を拡大したとの説が有力となっています。そして、ある集団は今から四万五〇〇〇年前あたりに海を渡ってオーストラリア大陸にたどりつき、別の集団は一万二〇〇〇年前には南米大陸の末端に到達しました。この間にヒト属の他の種がすべて滅んでいるという事実に関して、暴力的な争いの結果だとか、特別の知恵を持った種だけが災難を乗りきることができたとか、理由はいくつもあげられていますが確かなことはわかっていません。DNA鑑定によって種間の交雑の痕跡まで確認されているのに、なぜ私たちヒト（ホモ・サピエンス）という一種だけが現代に生き残ることができたのか、そのことがさまざまな学問分野の関心の的となっています。これらの事実は私たち現生人類の絶滅の可能性さえ予感させます。

この何万年にもわたる人類史を通して、自然は霊的なものや神なるものの創造物であると信じて疑わない時間のほうがはるかに長かったのですが、ほんの五〇〇〇年ほど前に登場した科学の思考で自然をとらえ始めると、人間と自然の関係は大きく変化しました。

文明のはじまりと家畜

数ある文明論は、人類がここまで発展することができた理由として農作物や家畜を生み出したことをあげています。じつは、このことが外来種の問題と深く関係しています。

一万年以上前のあるとき、野生の植物の種を採取して栽培できることに気づいた人々は、長い時間をかけて集約的に食物を得る方法を生み出し、定住し、農地を拓き、集落が生まれました。偶然と幸運が重なって品種改良が進み、生産効率の高いコメやムギのような穀物を貯蔵することができるようになると、しだいに人口が増加して人間の社会は高度化を始めました。これがよく知られる文明のはじまりのお話です。

やがてこの技術は文化として世界の各地に広まり、日本列島にも稲作文化がやってきて、縄文文化と交わり主流となりました。この農耕技術と産業植物の広まりは、いわば外来植物の拡散にあたります。歴史学者のハラリさんは、これこそはホモ・サピエンスを家畜化した小麦の戦略であるとさえ語っています。そんなふうに考えるなら、人間による動植物の移動拡散に外来種の概念をあてはめることを躊躇してしまいます。

もう一つ、野生動物の家畜化も外来種の問題とつながっています。科学ジャーナリストのリチャード・C・フランシスさんが二〇一五年に出版した、"DOMESTICATED"(邦訳『家畜化という進化』)という本には、家畜化されやすい動物の特徴は能動的といえるほどの従順性にあると書かれています。人間が家畜化に成功した最初の野生動物はオオカミというのが考古学的な定説です。諸説ありますが、オオカミのイヌ化は今から三万年以上前、農耕の開始よりずっと前の時代に始まったと考えられています。

人間が道具を使ってじょうずに狩りをすることができるようになると、そのおこぼれを頂戴するために動物が集まってきます。アフリカの大自然の映像の中で、ライオンが獲った獲物にハイエナやハゲタカが近づいてくるシーンを観たことのある人は多いと思います。なかでも狩りをする人間に近づきやすい性質を持つ動物がオオカミでした。とくに従順な個体ほど人間との距離を縮め、少しずつたがいの信頼関係が生まれると、人間から餌をもらうほどに馴れた関係となり、いつしか狩猟のパートナーとしての共生関係が生まれた。そんな推論がされています。

人間はその後も野生動物の家畜化に成功して、ネコ、ブタ、ウシ、ヒツジ、ヤギ、ラクダと、有能な家畜を次々と生み出します。家畜は肉、乳、毛、皮といった重要な資源を安定的に得られる存在となり、大きいものは使役動物として活用しました。だからこそ彼らは生きる支えとなる身近なパートナーであり、ときには宗教的存在にもなりました。そして世界各地で品種改良が進むにつれ、彼らは人間が生きるための貴重な財産となり、原始経済の交換の対象にもなって、人間の都合であちこちに連れていかれたはずです。その飼育状況はきわめてルーズだったでしょうから、新天地で逃げ出して野生化する個体もいれば、その地の近縁種と交配することもあっただろうと想像します。

遺跡の発掘によって、随時、情報は更新されますが、一万数千年前に日本列島に初めて人間がやってきて縄文文化を形成したころ、すでに大陸で家畜化が進んでいたイヌも一緒に連れてこられて、その後の稲作文化と同じころに、ブタ、ウマ、ウシ、ネコといった家畜動物が持ち込まれたと考えられています。貴重なタンパク源として内陸の河川や湖水の魚を捕まえて利用する技術もすでに縄文時代に登場しており、川や湖に稚魚を放流することも行われていたと考えられています。こうして遡ってみると、現代の外来種問題の根底には、数千年にわたる人間の生きようとする意志が染み込んでいることがわかります。それは文化というべきものです。

大航海時代に活発になった動物の移動

一四世紀のイタリアで、封建社会からの脱却を意識したルネサンスと呼ばれる文化や芸術の運動が始まりました。たとえば、キリスト教の教義によって固く信じられていた「地球を中心に天空が動いている」との天動説に対して、コペルニクスやガリレオが「太陽を中心に星が回っており、地球もその星の一つである」との地動説を唱えたことに象徴されるように、この時代に大きな知のパラダイムシフトが起きました。

一五世紀のヨーロッパで大型帆船をつくる技術が登場すると、どこまでも領地を広げたい封建君主の欲望が商人や冒険家たちの心をくすぐり、大航海時代を生み出しました。そしてコロンブスがアメリカ大陸を発見し、マゼラン一行が世界一周を果たしたことで、人類は地球が丸いことを知ったのです。まったく情報のない時代に水平線の向こうへと船で乗り出した人々の冒険心は、さしずめ、尾田栄一郎さんのアニメ『ワンピース』の物語そのもので、かなり破天荒だったに違いありません。人間の本性とはそういうものです。

それ以来、世界というものへの好奇心はますます強くなり、世界各地の動植物、化石、鉱物などがヨーロッパに持ち帰られたので、それらのコレクションに関心を持つ人たちが趣味の会のように登場してナチュラリストと呼ばれました。その持ち帰られた物に命名する作業を通して初期の博物学が誕生しました。少し先の一七世紀になると博物館や大学をベースに自然科学が活発になり、一八世紀にスウェーデンのリンネが命名方式を体系化したことで、生物は整然と分類されるようになったのです。

地球が丸いことを知った人々の探求心は止まりません。博物学に関心を持った若きダーウィンがビーグル号に乗り込み、大航海の末に『種の起源』を書き上げて進化論を提唱しました。今からほんの一六〇年ほど前の一八五九年のことです。ヒトはサルから進化したとの仮説が宗教界の猛反発を受けたものの、博物学は自然界の多様性に関心を深め、生物学、生理学、生態学へと枝分かれしながら発展しました。

ところで、欧米の大航海時代の日本は中世の室町時代から戦国時代にあたります。古代から続く大陸との交易に加えて、遠くヨーロッパのスペイン、ポルトガル、イギリス、オランダ、あるいはロシアといった国から大型帆船がやってくるようになったのですから、持ち込まれる異国の品や思想が当時の日本人を刺激しなかったはずがありません。めずらしい生きものや鉄砲が伝わり、信長や秀吉が地球儀に触れ、キリシタン大名まで登場するほどに、日本人は世界を意識するようになりました。為政者ならだれだって、いつか攻め込まれて乗っ取られるとの恐怖を抱いたはずです。混乱する国内をさっさと統一しなくてはまずいと思ったでしょう。信長の後を継いでそれを果たした秀吉はあろうことか大陸を乗っ取ろうと朝鮮に出兵して痛い目にあいますが、その後を引き取った家康は二六〇年も続く徳川安定政権を生みました。その鎖国政策の下にあったとはいえ、情報は確実に日本に入り込んできました。

ダーウィンが進化論を提唱したのはもう少し先のことで、黒船来航によって日本の社会が明治維新へと突き進む予兆のころですが、初期の自然科学と相反するキリスト教思想がごっちゃになって、資本主義経済も近代工業技術もまるごと大波のように押し寄せたのですから、アジアのはずれの島国で温められていた思想や生活習慣が一変したのはやむをえないことでした。

毛皮獣の乱獲と養殖の開始

二〇〇三年に西村三郎さんが書いた『毛皮と人間の歴史』を読めば、その深い関係を知ることができます。皮を縫製する道具が見つかったことから、最初に毛皮を用いたのは今から一二万年前のネアンデルタール人だとされています。以来、人間はずっと毛皮に依存してきました。それは人間が野生動物を絶滅へと追い込んできた歴史の記録でもあります。

洋の東西を問わず、おもに寒冷な北半球の人々にとって毛皮は生活の必需品であり、それゆえ重要な交易品となり、商人は争って毛皮を追い求めました。そのことがシベリアやアラスカといった厳しい土地への進出につながりました。時を経て一九世紀に世界的な戦争の時代に入るころには、軍服などに使う毛皮の需要が高まり、世界の各地で毛皮獣が乱獲されました。この時代にラッコやオットセイのような海獣類も含めて、世界の野生動物の分布は大幅に縮小しています。

そのころ、外貨を稼ぎたかった明治政府は、国際的に評価の高かった絹とともに毛皮も輸出の対象にしようとして、積極的に国産の毛皮を集めるようになりました。このことは日本の狩猟文化に大きな転換を強いています。利己的とはいえ、自分の山の資源を枯渇させないよう配慮してきたそれまでの日本の狩猟の思想は市場経済によってかき乱され、人口増加にともなう森林の切り拓きとシンクロしながら、乱暴な捕獲が続くことになりました。明治、大正、昭和の一二〇年を通して日本の野生動物の分布が明らかに後退してきたことは、環境省のウェブサイトで公開されている自然環境保全基礎調査の動物分布図によって知ることができます。

市場経済の下では、乱獲によって毛皮獣が減ってくると、必然的に養殖技術の開発につながりました。最初に養殖が始まったのは一八六五年ごろのアメリカで、キツネ、ミンクで成功したそうです。日本でも野生動物の減少とともに養殖の模索が始まり、一九一〇年代の軍事需要の高まりとともに国策として本格化しました。ウェブサイトでも読むことのできる、宇仁義和さんや山田伸一さんが掘り起こした戦前戦後の千島・樺太・北海道での養殖に関する記録からは、いかにも熱心な取り組みの様子を知ることができます。戦後しばらくの間は民間事業者や個人の規模で、キツネ、ウサギ、タヌキ、ミンク、ハクビシン、ヌートリア、マスクラットなどの養殖が続きました。それらが飼育施設や閉鎖して放置された養殖施設から逃げ出して、現在の外来動物問題につながっています。

戦後の高度経済成長期のはじまりのころ、少しずつ豊かになっていく庶民の生活の中で、成人式や正月の女性の晴れ着にキツネやテンの襟巻を合わせ、裕福な家の娘たちならばハイカラな洋服にウサギ、キツネ、ミンクといった毛皮のコートを合わせることが流行りました。そんな毛皮の利用にブレーキがかかるのは、石油から化学繊維が生み出され、軽くて暖かい防寒衣類がつくられるようになってからのことです。一九七〇年代には世界的に知られる映画女優が毛皮反対キャンペーンを始めたとのニュースがテレビから流れ、先進国で広がった愛護思想が流れ込むころには日本の毛皮産業にブレーキがかかりました。そして徐々に毛皮の養殖需要が減っていくと、廃業して放置された養殖場から獣が逃げ出しました。このこともまた外来種問題につながっています。

原因の多様化

環境史の視点からすると日本の近代とは明治から昭和の末までとするのが妥当でしょう。なぜなら、工場からの有害な化学物質の廃棄や土木的な環境破壊といった近代化の特徴は、戦後においてこそいっそう激しくなったことによります。この一二〇年にわたる近代を通して、人々はひたすら豊かになることを求め、市場経済を活発にして、流通機構を充実させてきました。このこともまた、現代の外来種問題につながるさまざまな原因を生みました。

日本がまだうんと貧しかった時代には、食料となる動物がたくさん持ち込まれています。放し飼いに適して、必要に応じて食用にも利用できるブタ、ヤギ、ウサギといった哺乳類を島などに放し、外国産のヒメマス（ベニザケともいう）やニジマスといったサケ科魚類を導入して、養殖・放流がさかんに行われました。人間の食用になるウシガエル、その餌としてのアメリカザリガニもこのころに持ち込まれたものです。

大規模に農林業が展開されるようになるとネズミやウサギによる被害が増えたので、捕食者としてのキツネやイタチ科の動物を積極的に養殖して放しました。これは生物的防除と呼ばれるもので、もとは害虫対策として開発された、天敵を放して害虫を捕食させて被害を抑制する方法のことをいいます。これもまた外来種問題につながりました。

天敵導入のはじまりはネコかもしれません。日常生活、農業、養蚕、さまざまな問題を起こすネズミを食べてくれるので、ネコは人類史の相当に古い時代から大事にされてきました。そのネコが希少種を捕食していることが確認されたことから、現代社会はネコを深刻な外来動物として問題視するようになりました。人類が農耕を広げた歴史を通して、農作物の害獣としてのネズミも捕食者としてのネコもセットにして、人間が世界中に連れてまわったことが新たな土地の生物多様性に負荷をかけることになったのです。

もう一つ、こんな原因もあります。戦後の高度経済成長時代に人々が豊かになると、楽しみのための旅行をする人たちが増えて観光産業がさかんになりました。動物を見せる動物園の延長で、動物に触りたい、餌をやりたいという人々の欲求を満たすために、外来種のウサギ、リス、サルなどを放し飼いにする展示が流行るようになりました。彼らもまた現代の外来種問題につながっています。ディズニーランドもＵＳＪもなかった時代のことです。とはいえ動物に触れられる素朴な展示は今でも人気があります。

同様の欲求はペット産業をさかんにしました。人々に経済的な余裕が出てくると、個人的にイヌ、ネコ、鳥などを飼う習慣が広がりました。流通システムが充実してくると、市場経済の下で、個人でもさまざまな動植物を手に入れることが可能になりました。そんな飼育の延長で彼らが逃げ出して外来種問題につながっています。それ以外の趣味の分野でも、釣りの楽しみのためにブラックバスやブルーギルなどの外来魚を日本の水系に放したり、狩猟の獲物としてシカ類やイノブタを持ち込んだりすることも行われました。キジやヤマドリを養殖して放すことは狩猟文化として今でも継続されています。

このように、外来種問題とは社会や経済の動向に連動して発生する現象であることがわかります。グローバル化が進み、ＩＴ技術の後押しを受けて、世界の流通システムがいっそう充実した現代では、生物の移出入が頻繁かつ大量に発生する土壌ができあがっています。この問題をいかにコントロールするかということは、専門家が考えて片づく話ではありません。だれもが問題を意識して動かなければ解決にはつながりません。

外来種という概念の誕生

後に産業革命と呼ばれる技術革新の時代に、ヨーロッパ諸国の帝国主義と植民地政策が地球規模で肥大したとき、隣国「清」の植民地化を知った日本人は明治維新を起こして幕藩体制を終わらせ、欧米列強の後を追って資源収奪競争に乗り出しました。二〇世紀になるころには軍部の暴走を許して、世界戦争の表舞台でナチスドイツと並ぶ悪の主役となりました。そして二発の原子爆弾によって世界戦争が終わったとき、イデオロギーが世界を二分する冷戦時代が始まりました。日本は戦勝国アメリカに従って生きる道を選び、開発賛美の高度経済成長を達成しますが、バブル経済が破綻してからは経済の低迷が続いています。この間、世界の各地でいくつもの政治制度が模索されたものの、どの制度も経済発展を追求したので地球環境への負荷は極端に肥大しました。これが後に「人新世」の概念につながっていきます。

そんな人間による自然資源の収奪合戦の最中、一九世紀半ばの北米大陸で見渡す限りのバッファローの群れや空を覆うリョウコウバトの大群が消えました。その同じ場所に、先住民を追いやって切り拓かれていく森を眺めながら、自然には限りがあることに気づいた人たちがいました。ダーウィンの進化論と同じころの一八五四年に、ヘンリー・D・ソローが“WALDEN”(邦訳『森の生活』)を書きました。一八九〇年にはジョン・ミューアらがイエローストーンに残された原生自然の保護に奔走して、世界で最初の国立公園制度が生まれました。さらに二〇世紀の冷戦構造の下で工業化と開発競争が進んでいたころの一九四九年に、アルド・レオポルドが“A Sand County Almanac”(邦訳『野生のうたが聞こえる』）というエッセイ集の中で、land ethics（土地の倫理）を提唱しました。一九六二年にレイチェル・カーソンが "Silent Spring"（邦訳『沈黙の春』）を書き上げると、化学物質汚染への警鐘が一気に世界を駆けめぐりました。こうして、ゆっくりと一〇〇年をかけて自然保護の原点となる思想が醸成されたのです。彼らの思想が世界各地で排除された先住民の思想への回帰であることに気がつくのは、もう少し先のことです。

一九一二年のイギリスに世界で初めての生態学会が誕生して、環境と生物の関係、環境内の物質循環の概念とともに、生態学が自然保護を先導する役割を果たすようになりました。そして一九二七年に、イギリスのチャールズ・エルトンという生態学者が、今では古典的名著となった "Animal Ecology"（邦訳『動物の生態学』）を著して、食物連鎖、ニッチ、個体群といった動物生態学の基本的概念を整えました。エルトンは自然保護にも積極的に参加した人物で、一九五八年には "The Ecology of Invasions by Animals and Plants"（邦訳『侵略の生態学』）を書いています。今から半世紀ほど前に出版されたこの本こそ、外来種の問題を世に問うきっかけとなったのです。

じつは、生態学の発展とともに育成されていたナチュラリストや生態学者たちが、世界各地の自然、とくに島の自然の中で、人間が持ち込んだ動植物の影響が具体的に現れていることに気がついて、その報告事例が増えていました。エルトンはそれらを網羅的に紹介して、生態系に深刻な影響をおよぼす外来種の脅威について警告したのでした。

2　生物多様性条約と外来種問題

生物多様性条約の誕生

一九九二（平成四）年、ブラジルのリオ・デ・ジャネイロで開催された地球サミットの機会に生物多様性条約が誕生しました。それは自然環境が消えていくことに危機感を抱き、一〇〇年かけて努力してきたナチュラリストたちにとってのターニング・ポイントとなりました。

この条約の意義は、生物多様性という概念を持ち込むことによって、それまでの自然保護に、具体性、客観性を持たせたことにあります。条約の第二条で、生物多様性のことを「すべての生物の間の変異性」と定義して、遺伝子、種、生態系という生物を特徴づける三つの局面のそれぞれにおいて、多様性を保障することを加盟国に求めています。こうした考えに到達した理由は、分子生物学が飛躍的に進歩したことによります。とくに遺伝子の工学的操作によって、新たな医薬品、食料、その他さまざまな材料を生み出す可能性を次々と現実のものにしてきたことによります。その結果、生物の遺伝子を解明して特許をとれば、そこから生まれる巨額の利益を独占することさえ可能となりました。

この功罪あわせ持つ技術革新こそが、この条約の成立を必要としたといえるでしょう。そこから生まれる利益を、一部の国家、一部のグローバル企業が独占することのないよう、ルールが必要になったということです。皮肉なことに、自然の要素に経済的価値が見出されたとたん、社会の自然保護への関心は大きくなりました。ちなみにnature conservationの日本語訳である「自然保護」という言葉でさえ、その哲学的議論を自然科学がフォローするまでに追いついたので、今では技術的、自然科学的議論の場では「自然環境保全」という訳語が使われます。「自然保護」は人文社会科学系の用語として使われる傾向にあります。

ところで、地球サミットが開かれた一九九〇年代は、パーソナル・コンピュータが普及し始め、インターネットが広がり、世界市場を視野に入れた巨大グローバル企業が活発に動き始めたころです。その直前にソ連が解体して冷戦構造が崩れ、中国でさえ資本主義的な経済システムを取り込む方向に舵を切りました。こうした変化はＩＴ技術や遺伝子技術の進歩が起爆剤となったことはまちがいありません。出遅れれば限られた国やグローバル企業に価値を独占されてしまう。そんな危機感によるでしょう。先進国が途上国から富を奪い続けた帝国主義、植民地時代の構図と同じです。生物多様性条約が成立して三〇年を経た現在でも、締約国会議の主要テーマは、資源の利益を独占しようとする先進国あるいはグローバル企業に対する途上国側の強い警戒心にもとづいています。

条約が発効された一九九三年時点の参加国は日本を含めて一六八カ国でしたが、二〇二二年末には一九四カ国とＥＵが加盟しています。とはいえ、アメリカ政府がいまだに不参加のままという事実が、この条約の抱える問題を象徴しています。アメリカには条約の成立のために努力した学者やＮＧＯ機関がたくさん存在するにもかかわらず、アメリカ政府は「自国のバイオテクノロジー産業の成長に害をなす可能性があり、また生物資源の利用にともない利益が出た場合には、その利益を関係国間で配分するといった規定が国益や企業活動に不当な損害を与える可能性がある」との理由を露骨に掲げています。それは、あのいかにも乱暴なトランプ政権よりも前から続くアメリカ政府の変わらない姿勢です。

自然の経済評価

人口が極端に増加して人間の経済活動が地球規模で広がる中で、自然環境の消失に危機感を持った人々の間にあるアイデアが浮かびました。自然環境を護り少しずつでも増やすことが経済的な利益につながる。それを損ねることは経済的な損失となる。といった具合に自然を経済的に評価することができれば、乱暴な開発にブレーキをかけられるかもしれない。そして、自然を一つの資本ととらえ、自然資本の生み出す恩恵を生態系サービスとして位置づけようとするアイデアが生まれました。二一世紀になるころには、その思想は自然保護の方法論として具体的に議論されました。

この思想を牽引した要因が遺伝子の価値の経済評価にあることはまちがいありません。多様な遺伝子資源を内包する生物多様性や生態系を自然資本ととらえ、そこから生み出される恩恵（生態系サービス）を経済的に評価できれば、その持続性を阻むものは経済的損失を生む負の要素としてとらえることができます。さらには、遺伝子資源にとどまらず、観光資源としての価値、災害予防機能としての価値、気候変動対策としての価値など、たくさんの自然の経済価値が掘り起こされるようになりました。そして外来種の問題も経済的価値の負の要素としてとらえられるようになりました。

二〇〇七年にドイツのポツダムで開催されたG８＋５環境大臣会議で、欧州委員会とドイツによって提唱されたＴＥＥＢ（The Economics of Ecosystems and Biodiversity）という概念があります。この「生態系と生物多様性の経済学」という概念の研究はその後も進められて、二〇〇八年にドイツのボンで開催された生物多様性条約第九回締約国会議（ＣＯＰ９）の閣僚級会合において中間報告が提出され、愛知県名古屋市で開催された二〇一〇年のＣＯＰ10の場でＴＥＥＢ報告書として発表されています。その中で生態系は次のように定義されています。

「生態系とは、植物、動物、微生物などの諸共同体とそれらの無機的環境が、一つの機能的で完全な単一体として相互作用しているダイナミックな複合体をいう。生態系の例には、砂漠、サンゴ礁、湿地、熱帯林、北方林、草地、都市公園、耕作農地などが含まれる。生態系は、原生雨林のように比較的人間によって攪乱されていない場合もあるが、人間活動によって改変されたものもある」

ＴＥＥＢは、自然を科学的に理解したうえで経済的な資産として評価しようとする意思表示です。二〇一二年の「リオ＋20」の地球サミットにおいては、国連環境計画・金融イニシアティブ（ＵＮＥＰ ＦＩ）という機関によって「自然資本宣言（Natural Capital Declaration）」が提唱され、企業の財務報告に持続可能性に関わる情報（環境や人権社会的課題に関する情報）の開示を義務づけるよう、国連加盟国に提案しています。

遺伝子の多様性

すべての生物の進化を推進する根源的機能は遺伝子にあるとの理解が意味を持ちます。生物に潜む遺伝子の理解が深まったことで、人間は自然の価値をいっそう定量化して理解するようになりました。それは人間の感性にもとづく「美しい自然」といった抽象的なとらえ方を超えて、換金性を持つ恩恵として説得力を持って浮上しました。

それはコンピュータや光学機器分野の技術革新の成果です。生態学がマクロな生物学として進歩する一方で、ミクロな生物学として分子生物学が進展した結果、今では遺伝子を工学的に操作する技術まで手に入れました。そして人類にとって大きな恩恵となる、新しい医薬品、新しい医療技術、新たな食料、新たな素材を誕生させることを可能にしました。この技術は、既存の生物を人間にとって都合のよい生物へとつくりかえることも、人体の一部を人工的につくりだすことも、その延長でヒト一人をつくりだすことさえ可能にする驚異的な段階に達しています。

残念なことは、排出され続けるさまざまな化学物質、プラスチック、核物質などと同様に、新たな技術革新に沸くときには、そこに潜む危険や不利益に関する議論は陰に隠れてしまうことです。これまでの人類の経験にもとづけば、新たな技術は、まずは利益と縁のない暮らしをしている人々の生活、健康や命まで左右します。経済評価の際にはそのことの回避にかかる費用をきちんとそろばん勘定に入れるべきでしょう。日本人にとっての身近な経験でいえば、原発再稼働の経済評価には、事故を起こさないためにかかるコスト、事故が起きてしまったときに被害を抑え込むためにかかるコスト、そして事故後の復旧にかかるコストを計算に入れるのは当然のことです。あの二〇一一年の経験に目をつぶるような社会では、この先の未来が拓けるはずもないのです。

そして、経済評価に加えて、環境倫理、生命倫理、科学者倫理、企業倫理といったいくつもの倫理学分野のフィルターを通す必要が指摘されています。国連のＳＤＧｓキャンペーンが掲げる持続可能な社会の問題としてとらえるなら、直接的な恩恵であれ、経済的恩恵であれ、人類のだれに対しても可能な限りフェアに分配するルールを設定する必要があります。地球上に存在する生物の遺伝子の恩恵を人類の全体で享受できるようにするのは、社会経済的な倫理の問題です。遺伝子工学技術に一定のルールを持ち込むことは生命倫理の問題です。環境への野放図な放出が生み出す負荷を抑制することは環境倫理の問題です。このように遺伝子を操る技術に関するテーマには、幅広く深い倫理的考察を加えなくてはいけません。

ところで、遺伝子の多様性というものを考える際に注意したいことは、ある時点で遺伝子を抽出してしまえば、あとは必要ないという性質のものではないことです。遺伝子の特性は生命の進化を促進する機能にあります。あくまで自然界にあって物理的環境や他の生物との関係性を通して変化していくものなので、そのことを保障して初めて遺伝子の多様性は未来に向けて意義あるものとして機能します。われわれ人類は、二〇一九年に登場した新型コロナウイルスCOVID-19が、その後に何度も変異して拡散していく様を身近に経験しました。変異は冷凍保存された試験管の中ではなく、自然界にあってこそ進みます。その生物進化の可能性を維持してこそ、遺伝子の多様性の真の価値を持続的に保つことができます。それこそが種の多様性や生態系の多様性を保全する意味につながっています。

種の多様性

遺伝子は高価な顕微鏡がなければ見えませんが、その遺伝子の表現型として生物の体が存在します。そして、基本的な部分で共通の遺伝的特徴を持つ個体の集まりを「種」と呼びます。それは形態学に始まり分子生物学によって補正されながら進んできた分類学によって、種、近縁の種、遠縁の種といった形で系統的に整理されています。それぞれの種の間に見出される違いこそが、遺伝子によって表現されたものです。

遺伝子の力を内包して誕生したこれらの種が、野生のまま、できるだけたくさん地球上に存在し続けられること。それを保障することが生物多様性条約のねらいです。なぜなら種が絶えてしまえば、人間が至宝の価値とする遺伝子が失われてしまいます。絶滅したら映画『ジュラシック・パーク』のように復活させればよい、なんて考えはやめたほうがよいでしょう。それにかかるコスト、復活させた生命体が人類や地球の生態系にかける負荷、その予防に必要なコストを考えれば、無責任なことをするべきではありません。

自然界では、同じ遺伝子を持つ同種の個体は、基本的には繁殖可能な距離の範囲でまとまりを持って生きています。生態学ではその地域的なまとまりを「個体群」と呼びます。この個体群があちこちにたくさん存在しているほど、たとえば大規模な災害でいくつか個体群が消滅しても、残った個体群によって種は生き続けることができます。また、それぞれの地域個体群は長い時間を通して異なる経験をしていくので、それぞれの地域個体群の内包する遺伝子は交配を重ねるたびに異なる変異を生じる可能性を秘めています。そこに生まれた遺伝子の変異が、たとえば感染症や外的環境の変化への耐性を生み出していたなら、種としての生存確率が高まります。

地域個体群が減れば変異の可能性も減り、さまざまな危機に対応できずに滅んでいきます。地球上に地域個体群が一つもなくなったとき、種も遺伝子も消えるということです。希少個体群を一つだけ残しておけば十分だろうなんて勘違いをしてはいけません。種の絶滅を回避するには、地域個体群という集団をできるだけたくさん存続させておくことが正しい選択です。

現在の地球上では、わかっているだけでも一五万種ほどの生物が絶滅の危機に瀕していると考えられています。日本在来の生物だけでも四〇〇〇種ほどが絶滅の危機にあります。その危機を回避するために、レッドリストと名づけられた絶滅の危機に瀕した種のリストがつくられて、希少化の進む実態について情報を共有し、種の保存法（絶滅のおそれのある野生動植物の種の保存に関する法律）などを通して種の絶滅回避につなげる仕組みになっています。

とくに日本列島には小さな島に固有の生物がたくさん生き残っています。あるいは高山などの特殊な環境に生きる生物も同様の価値を持っています。危機に瀕する種や地域個体群をレッドリストに掲載するということは、現状維持が目的ではありません。彼らを危機から脱出させて集団としての健全な状態に持ち込み、レッドリストから抹消することこそが本来の目的です。

生態系の多様性

生態系という概念は、それぞれの物理的環境下にあって、そこに生存するたくさんの生物種が生み出す相互の関係性の総体、加えて地球上のさまざまな物質循環、生物が生きるために必要とする物質の循環も含めた全体を意味します。

自然を思い浮かべてといわれたら、広い海や野生動物のすむ森をイメージするでしょうか。それは目に見えない土壌動物や菌類のようなたくさんの微細な生物群が存在して、初めて成り立っています。

「喰う、喰われる」の関係であったり、隠れ場所（カバー）を提供する関係であったり、たがいに助け合う関係であったり、たくさんの生物種が関係性の中で生きています。その関係性の総体を生態系という言葉で表現します。

その関係性は地理的条件によって制約を受けるので、生態系の特徴には違いが生まれます。たとえば寒冷な土地や乾燥した砂漠に暮らす生物の種構成と熱帯雨林に暮らす生物の種構成は大きく異なります。過酷な条件の前者に比べ、後者のほうが圧倒的に種数は多くなります。生態系の要素の一つである種の多様性という概念は、その地の環境に適した種の構成を意味するのであって、種数の多い生態系のほうが優れているとか、種数が少ないから質が劣るといった意味ではありません。

何万年の歴史を通したそれぞれの種の分布の経緯によっても、ある場所の種構成には特徴が現れるので、それぞれの場所の生態系は異なる特徴を持つことになります。生物多様性条約は、こうして生まれるたくさんの多様な生態系の存続を求めています。もしも生態系の多様性が保障されなければ、種の多様性も遺伝子の多様性も保障できなくなります。

ところで、生態系について語るときには、議論の内容によってスケールが違ってきます。地球全体を一つの生態系として語ることもあれば、ある森を森林生態系として語ることも、ある海域を海洋生態系として語ることもあります。おまけに人工構造物に囲まれた、人間、ゴキブリ、ドブネズミ、カラスが主役の都市の生態系もあれば、都市公園につくられた小さな池に限って語られることもあります。したがって、生態系という概念は人間の営みも含めた関係性の総体であり、人間も動物の一種として生物多様性あるいは生態系の一員であることを前提としています。これらを空間構造としてイメージしてみてください。地球上には無数の生態系が重層的に存在して、それらが複雑に絡み合う関係性を通して存在しているということです。これこそが、私たちが護ろうとしている生態系の多様性です。

こうした議論が進んだ理由には工学技術の進展がありました。人類が宇宙に飛び出してとらえた衛星画像とコンピュータの組み合わせによって、氷河の衰退、大河の消滅、大規模な森林伐採、大気汚染といった地球環境の変化が詳細に読み取れるようになり、今では一般の人々にも視覚的な情報として提供されるようになりました。まさに科学のグローバル化によって地球が可視化された結果、地球は「宇宙船地球号」の言葉どおり一つの生態系として認識されたのです。

生物多様性条約がリードした外来種問題

生物多様性条約の第八条「生息域内保全」の中に、「(h) 生態系、生息地若しくは種を脅かす外来種の導入を防止し又はそのような外来種を制御し若しくは撲滅すること」という文言があり、外来種は明確に生物多様性の脅威として位置づけられました。

そして、ほぼ二年ごとに開催される締約国会議(COP: Conference of the Parties)において、条約に関する細かい取り組みの合意が進められているのですが、外来種については二〇〇〇年にケニアのナイロビで開催されたCOP5から重点的に議論されるようになりました。さらに二〇〇二年のオランダのハーグで開催されたCOP6において、「生態系、生息地及び種を脅かす外来種の影響の予防、導入、影響緩和のための指針原則」が策定されています。これが外来種に関する現在の国際的な基本指針となっています。

また、条約の加盟国には生物多様性国家戦略の作成が義務づけられており、その中で外来種の扱いも求められています。日本では批准後の一九九五（平成七）年に最初の生物多様性国家戦略がつくられました。それ以来四度の改正を重ね、二〇二三年の「生物多様性国家戦略二〇二三-二〇三〇」が最新のものになります。この国家戦略には生物多様性が直面する四つの危機が掲げられており、そこに外来種問題も含まれています。第一の危機は「開発など人間活動による危機」、第二の危機は「自然に対する働きかけの縮小による危機」、第三の危機は「外来種など人間により持ち込まれたものによる危機」、第四の危機は「地球温暖化や海洋酸性化など地球環境の変化による危機」となっています。こうして日本の社会は、外来種の問題を生物多様性保全の重要課題として明確に位置づけて現在に至っています。

COP10が提起した愛知目標

日本政府は、二〇一〇年に生物多様性条約に関する締約国会議（COP10）を誘致して、愛知県名古屋市で開催していますが、この機会に生物多様性に関連する法制度が充実しました。

前後する二〇〇八（平成二〇）年に、生物多様性の基本理念を示す生物多様性基本法が誕生して、ようやく国として生物多様性に関する施策を進めていく基本的な枠組みが定まりました。そこには生物多様性の保全と利用に関する基本原則、生物多様性国家戦略の策定、白書の作成、国が講ずべき基本的施策、国だけでなく、地方公共団体、事業者、国民・民間団体の責務、都道府県および市町村による生物多様性地域戦略の策定の努力義務などの規定が書かれています。

続く二〇一〇（平成二二）年には生物多様性地域連携促進法（地域における多様な主体の連携による

生物の多様性の保全のための活動の促進等に関する法律）がつくられました。ここでは地球規模のグローバルな課題である生物多様性保全を、ローカルな地域社会の課題として取り組むことを求めています。残念ながら、この法の意思はなかなか地域に浸透していません。人口減少が進む中で地域社会には余裕がなくなっているのだと思います。

おおむね二年に一度開催される生物多様性条約の締約国会議では、条約の三つの目的、「生物多様性の保全」、「生物多様性の構成要素の持続可能な利用」、「遺伝資源の利用から生ずる利益の公正かつ衡平な配分」を達成するために、生物多様性保全の促進に向けた共通の行動指針として「戦略計画（strategic plan）」というものをつくっています。そしてCOP10では二〇一一〜二〇二〇年の新たな世界目標として「戦略計画二〇一一-二〇二〇」が作成されました。

そこには、二〇五〇年までのビジョン（中長期目標）のうち、二〇二〇年までのミッション（短期目標）として二〇の個別目標（愛知目標）が書き込まれました。それからすでに一〇年を超えています。大事なことは「なにが達成されたのか」ということの確認にありますが、残念ながら条約事務局が二〇二〇年に公表した「地球規模生物多様性概況第五版（GBO5）」には、愛知目標の二〇項目のうちの六項目で部分的な達成が認められるものの、完全に達成されたものは一つもないと報告されています。

この間の日本社会を振り返るなら、低迷する平成の経済情勢の中で、二〇一一年三月に東日本大震災が発生し、福島第一原子力発電所の放射能漏れ事故も含めて未曾有の大災害となりました。その後も日本の各地で地震や火山の噴火が頻発しています。一方で、地球温暖化に起因する気象災害も増えています。夏の高温化、線状降水帯という新たな特徴を持つ集中豪雨の発生、大型化した台風の到来。二〇一九年末からは新型コロナウイルス（COVID-19）の感染が世界規模で広がり、さまざまな人間活動の停滞、経済の停滞が続いています。

中国の昆明での開催が予定されていたCOP15は、ポスト愛知目標となる二〇三〇年への行動目標を設定するための重要な会議でしたが、コロナの感染拡大によって開催が遅れ、二回に分けて、二〇二一年一〇月に第一部がオンラインで開催され、二〇二二年四月に第二部が開催されました。そして二〇三〇年までの世界目標「昆明・モントリオール生物多様性枠組」が採択されて、日本の最新の「生物多様性国家戦略二〇二三-二〇三〇」につながっています。

3　外来生物法の誕生

平成時代の自然保護

開発に明け暮れた昭和が終わると、続く平成の三〇年間の日本の自然保護は急速に充実しました。それは自然環境にとってよい時代になったという意味ではありません。問題が次々にあふれ出して社会が対応せざるをえなくなったということです。

人類は科学を進歩させて近代化を達成しました。どんどん人口を増やし、自然環境を切り拓き、化学物質を大量に排出して、代わりに多くの恩恵を得てよい気分になっていたわけですが、ふと気づけば、温暖化に象徴されるように、へたをすれば人類の滅亡につながりかねない地球規模の深刻な問題が広がっていました。まるで竜宮城から戻った浦島太郎のようなものです。宇宙からの衛星画像が真実を見せる玉手箱のけむりでしょう。人類は今、足並みをそろえて取り組まなければ問題を解決できないことに気づいてあわてています。

日本は一九九二（平成四）年のリオの地球サミットに参加して、そのときに誕生した生物多様性条約に批准しました。前後して一九九一年に日本版レッドデータブックがつくられ、一九九二年には種の保存法がつくられました。これらによって、生物多様性の緊急性の高い問題を明確にして保護していく仕組みが初めてできあがりました。このとき、亜熱帯の島々に生き残っていた多くの希少生物が社会の注目を集めるようになりました。

そのころ、コンサベーション・インターナショナルという国際ＮＧＯが世界を見渡して、豊かな生物多様性を保持していながらも多くが絶滅に瀕している場所を「生物多様性のホットスポット」として抽出する作業を開始しました。その選定基準は、「一五〇〇種以上の固有維管束植物（種子植物、シダ類）が生息していながら、原生の生態系の七割以上がすでに改変されている地域」となっています。この生物多様性ホットスポット内に残された自然は、地球の陸地面積のわずか二・四パーセントしかないのに、植物の五〇パーセント、両生類の六〇パーセント、爬虫類の四〇パーセント、鳥類・哺乳類の三〇パーセントが、ここにしか生き残っていないという事実が重要です。そして驚くことに、地球上で三六カ所（二〇一七年現在）しか抽出されていないこのホットスポットの一つに日本列島が含まれたのです。その理由は日本列島の成り立ちに由来する複雑な地理的条件によります。この選出は日本の自然保護の動きを活発にしました。

加えて、自然保護の法整備を後押しする二つの大きな出来事がありました。一つは一九九二年に世界遺産条約（世界の文化遺産及び自然遺産の保護に関する条約）（一九七二年誕生）に加盟したために、自然遺産地域の登録に向けた議論が始まったことです。先行する「屋久島」、「白神山地」に続いて、「知床」、「小笠原諸島」、「奄美・琉球」が議論の対象となりました。もう一つは、先に紹介したとおり二〇一〇年の生物多様性条約第一〇回締約国会議（ＣＯＰ10）が日本で開催されたことでした。

外来生物法誕生の背景

二〇〇二年のオランダのハーグ会議（ＣＯＰ６）において、外来種対策の国際的な基本指針が定まると、それに呼応するように、日本生態学会が創立五〇周年記念として二〇〇二年に『外来種ハンドブック』を出版しています。外来種といっても植物から動物、それ以外の生物を含めれば種類はきわめて多いので、国内のどこでどんな問題が起きているかということを理解するのはたいへんなことです。まして法の整備を担う、生物学とは縁のない関係者が理解するにはハードルが高すぎます。その意味で、この本の出版を通して日本の生物系の研究者が結集して、現状報告とともに外来種対策のなにが足りないか、法制度上でなにが必要であるかということを網羅して問題提起したことは、きわめて重要な意味を持ちました。そして、いかに多くの外来種が無防備に持ち込まれているかという実態が初めて目に見えるものとなりました。

こうした努力の結果、二〇〇四（平成一六）年に外来生物法（特定外来生物による生態系等に係る被害の防止に関する法律）が誕生して、生物多様性基本法の下に位置づけられました。どんどん変化する外来種の実態に柔軟に対応できるように、この法律は五年を経過したら点検して、必要な修正を加えるようにつくられています。そして現場での経験や議論をふまえて、二〇一四（平成二六）年と直近の二〇二二（令和四）年に改正されています。
法律ができて二〇年、生物多様性条約の誕生からすれば三〇年の時を経る中で、法を所管する環境省のみならず、研究者、NGO、民間事業者、市民も含めて、現場経験、データの積み上げ、そのうえでの議論が重ねられ、情報の共有も進んできました。法の改正作業はこうした努力とともに続けられています。

外来生物法の骨格

外来生物法の第一条に、法の目的が次のように書かれています。

「この法律は、特定外来生物の飼養、栽培、保管又は運搬（以下「飼養等」という）、輸入その他の取扱いを規制するとともに、国等による特定外来生物の防除等の措置を講ずることにより、特定外来生物による生態系等に係る被害を防止し、もって生物の多様性の確保、人の生命及び身体の保護並びに農林水産業の健全な発展に寄与することを通じて、国民生活の安定向上に資することを目的とする」

この法律が対象としている「特定外来生物」とは、あくまで海外から持ち込まれる外来生物のうち、とくに生態系や農林水産業に害をおよぼしたり、あるいは人体に害をおよぼしたりする種に限定しています。そのうえで、被害の防除に向けて対処していく方法が記載されています。さらに、「入れない、捨てない、拡げない」という予防三原則の考え方に対応する法的ルールが記載されています。すなわち、生態系などに悪影響をおよぼすかもしれない外来生物を、非自然分布域（本来の自然分布域ではない場所）に「入れない」こと。すでに非自然分布域に持ち込まれて飼育下にある外来生物がいる場合には、野外に出さないようぜったいに「捨てない」こと。もしも外来生物が野外で繁殖してしまっている場合には、少なくともそれ以上に分布域を「拡げない」こと。こうしたことを法的に担保する構造になっています。

ところで、法律の対象は「特定外来生物」に限定していますが、新たな外来生物は随時持ち込まれる可能性があるので、法律に関わる作業としては、つねに国内の外来種の全体、生物の輸出入の動向を監視して、その害性レベルを判定しながら、それぞれの生物種の専門家の意見をふまえて審査され、必要に応じて「特定外来生物」に指定して対処するという仕組みになっています。

また、法の第三条では、中央環境審議会の意見にもとづいて主務大臣（環境大臣・農林水産大臣）が「特定外来生物被害防止基本方針」をつくることになっており、詳細な方針はここに示されてウェブサイトで公開されています。その最新版は二〇二二（令和四）年九月に改正されたばかりですが、これまでの経緯や背景、その時点での課題など対策の基本的な事柄が書かれていますから、法律本体よりも理解しやすいでしょう。

とにかく外来種の種類は多くて、それぞれの持ち込まれた事情、国内での置かれた状況、対策の際の取り扱いの方法も異なります。そのうえ、次々に浮上する問題にできるだけ速やかに柔軟に対応していくことが求められています。

人々の参加で成り立つ法律

自然環境関連の法律の多くに共通しますが、とくに外来生物法に関する事柄は、大人から子どもまで、ごく普通の人々との関わりがとても大きいものです。問題を起こすのは海外との動植物の流通に関わる事業者とは限りません。もちろん違法な飼育や流通販売を展開する事業者は厳重な取り締まりの対象ですが、意図のあるなしにかかわらず外来種を放してしまうことは、それを飼ったり育てたりしている普通の人々が主役です。そして、全国の現場で外来種の存在に気づいたり問題に対処したりすることは、ごく普通の人々の協力がなければできません。もちろん大学や行政組織、あるいはNGOや民間事業体も含めて、専門的知識を持ったスタッフは中心的な役割を果たしますが、それだけで対処できる問題ではありません。

そのため、たとえば環境省のウェブサイトの外来種のパートでは普及啓発がとても重視されており、パンフレットやQ&Aを駆使して法律のことをできるだけわかりやすく説明する工夫がされています。さらに、法改正の手続上でも、改正（案）をつくる作業の段階で各種生物群の専門家が招集されて検討会が何回も開かれています。そこに添付されている会議資料や会議の議事録も、法律の改正経過についてほぼすべて掲載されているので、時系列でたどれば、それぞれの種群の外来種問題がどんな経緯を経て、現時点ではどんなことが問題視されているのかということを知ることができます。

哺乳類が専門の私は対象生物の種群が違えばまるで素人ですから、たとえば、魚類、昆虫類、あるいは植物の外来種問題について、現時点で注視されている議論がどんなことであるかということを手っ取り早く知るには、環境省のウェブサイトが有力な情報源となります。そうした議論の成果として作成された法改正の素案は、一定期間、ネット上で一般に公開してパブリック・コメントを求めるプロセスもありますから、だれでも意見を述べることができます。

もちろん法改正の機会に関係なく、外来種を見たというような重要な現場情報は、いつでも自治体や環境省の出先機関である地方環境事務所に報告してください。たくさんの人々の情報が積み上がることで問題の深刻さや重要度が見えてきて、検討課題となっていきます。あるいは外来種問題に熱心な研究者やＮＧＯに伝えて、問題解決の道筋を相談するという方法もあります。

外来種は侵入の初期のうちに対処すれば対策のコスト（労力、費用、時間）を抑えられます。被害の問題が浮上して、あたりまえに人目につくようになるころには、すでに数が増えすぎて対策のコストは莫大なものになります。それが害性をともなう問題であるほど、その対策に税金を投入し続けることになりますから、市民のだれもが関係する問題です。たとえささやかな情報であっても、関係機関に提供することをめんどうがらないでください。

法律は国会の審議を通してつくられたり改正されたりしますから、政治家という人たちにも理解と問題意識を持ってもらう必要があります。通常、政治家への情報提供やアピールは外来種問題に熱心な環境ＮＧＯなどが活躍する場面となります。そして、うまくすれば法の成立の段階で、衆議院、参議院で議論される機会に付帯決議というものをつけることも可能となります。付帯決議とは、法の本体に記載されていなくても、法を執行する段階で留意すべき点を法律に添付しておくということです。これも法律をつくる重要なプロセスです。

COP10の効果

二〇一〇（平成二二）年の一〇月に名古屋市で開催された生物多様性条約第一〇回締約国会議（COP10）は、その後の日本の自然保護にさまざまな影響を残しました。外来種の問題も活発に議論されて、採択された愛知目標では「二〇二〇年までに侵略的外来種とその定着経路を特定し、優先度の高い種を制御・根絶すること」が掲げられました。国内では二年後に閣議決定された「生物多様性国家戦略二〇一二-二〇二〇」において、外来種防除の考え方を再整理した「外来種被害防止行動計画」をつくることが決まり、環境省、農水省、国交省の議論を経て二〇一五年に完成しています。この一連の作業では、外来生物法が対象とする国外から持ち込まれた「外来生物」に限らず、在来も含めた「外来種」を対象としているところがポイントです。

この行動計画の中で、「我が国の外来種対策を総合的かつ効果的に推進し、我が国の生物多様性の保全及び、持続的な利用を目指す」ことを目標に掲げ、その達成に向けて、「八つの基本的な考え方」、「各主体の役割と行動指針」を整理して、「国として実施すべき行動（計一二七）と二〇二〇年までの行動目標（計八）」が設定されています。さらに、この行動計画に付随して二〇一五（平成二七）年に「生態系被害防止外来種リスト」がつくられました。正式名称は「我が国の生態系等に被害を及ぼすおそれのある外来種リスト」といいます。このリストは、その外来種の置かれた事情、さまざまな性質、被害の特徴や深刻さの度合いに関する情報が積み上がってきたことの成果です。

このリストの指定区分の一つは「総合対策外来種」です。これは、すでに国内への定着が確認されて、生態系や農業など産業への被害が発生していたり、そのおそれがあることから、捨てたり持ち込んだりすることを防ぐために普及啓発などの総合的な対策（防除）を必要とする種のことで、現在三一〇種が選定されています。このうちのとくに対策の緊急性が高く、積極的な防除を必要とするものを「緊急対策外来種」、甚大な被害が予想されるので対策の必要性が高いものを「重点対策外来種」として分けています。

区分の二つめは「産業管理外来種」です。これは、産業または公益性において重要で代替性がないものの、その利用には適切な管理を必要とする種のことで、現在一〇種が選定されています。三つめは「定着予防外来種」です。これは、国内ではまだ定着していないものの被害のおそれがあり、その予防、監視、発見した場合の早期防除が必要な種のことで、現在一〇一種が選定されています。このうちまだ国内には持ち込まれていないものの、とくに持ち込みを未然に防ぐ必要のある種が「侵入予防外来種」として選定されています。

こうしたリストが誕生したことで、外来生物法の対象となる「特定外来生物」や、害性の実態がよくわかっていない外来種に対する「未判定外来生物」という評価に加えて、より広く外来種の位置づけが明らかになりました。また、国外にとどまらず国内産であっても、本来の分布を超えた移動を強いられた外来種のことや、被害の深刻さ、対策の緊急性や方向性がすみやかに判断できるようになり、どんな立場であっても外来種対策の判断基準を共有することができるようになりました。このことは作業の効率化という点で重要な一歩となっています。

特定外来生物の防除

外来生物法の「特定外来生物」の指定にあたっては、その外来種による被害の深刻さや防除の実行可能性など、科学的情報をふまえてていねいに議論が重ねられて決められています。その対策の議論に「防除」という言葉が頻繁に使われますが、よく理解していなかったころの私は、現場で完全排除（根絶）を目指すのになぜ駆除といわないのかと、まどろっこしさを感じたものです。

じつは「防除」という言葉が示すところは、現場で増えてしまった個体を駆除する作業にとどまりません。輸出入も含めて地域への外来種の侵入に関わる出来事を未然に防ぐことや、現場で増えないようにすることとか、分布域が拡大しないようにすること、あるいは交雑が起きないようにすること、さらには捕獲した個体の処置といった、さまざまな行為の全体を「防除」という言葉で表現して、きめ細かい配慮を求めています。とはいえ、せめて捕獲の議論をするときくらいは防除ではなく駆除という言葉を使ったら議論の方向がはっきりするのに、というのは私の勝手なこだわりです。

外来生物法の第六章には罰則が定められています。法の各項目に違反した場合、個人であれば懲役、もしくは数十万から数百万の罰金が科せられます。対象が法人であれば行為者を罰することの他に、最大で一億円の罰金が科せられます。対策にかかった費用を請求されることもあるでしょう。それでさえ、「特定外来生物」の防除のために税金から投入される費用の全体に比べれば安すぎます。

ところが、こうした厳しい罰則規定は、問題のある外来種を「特定外来生物」に指定して法の下に置くことを躊躇させます。ごく普通の家庭で、たとえば子どもたちが飼っているような動物であれば、飼ってはいけないことを知ったとたんに、「捨ててきなさい」と親からいわれてしまうでしょう。そして法律の意図がちゃんと理解されないまま、そこらに捨てられてしまうかもしれません。十分に起こりうることです。

じつは、そんな悩ましい事例が二〇二二年の法改正時にアメリカザリガニとミシシッピアカミミガメに関して議論されました。両種ともに昭和の時代から子どもたちのきわめて身近に存在しており、飼っている子どもがたくさんいました。そうした習慣が現在でも続いているために、「特定外来生物」への指定が躊躇されていました。その結果、議論が重ねられたうえで、たとえ「特定外来生物」に指定しても、飼育に関するルールの一部を適用除外として、輸入販売については禁止できることになりました。外来生物対策とは、こんなふうに現状に即して軌道修正していくものなので、じつに時間がかかります。

理想と現実

分野横断の制度設計が重要なステップとなって、日本の外来種対策の状況は少しずつ改善の兆しが見えてきました。とはいえ国内の外来種対策がうまくいっているというわけではありません。

国の組織の中に総務省という機関があります。その仕事の一つに各省庁や自治体が行っている政策を評価するという役割があって、愛知目標の設定期間（二〇一〇-二〇二〇）を過ぎた二〇二二（令和四）年の二月に、総務省から「外来種対策の推進に関する政策評価書」が提出されています。国の組織のいわば身内の自己評価だろうと斜に構えるまでもなく、ウェブサイトで読めるそれには厳しい評価が書かれています。その要点として、「現在の外来種対策を展開するためのＰＤＣＡに必要となる情報提供が不十分で、環境省による政策評価は、国全体の取組評価に関する情報が提供されているとはいいがたい」としたうえで、「外来種対策のＰＤＣＡを適切にまわしていくための方策について検討が必要」と書かれています。なぜうまくいかないのかということの理由を探ることがこれからの課題であり、本書のねらいでもあります。

人間が足並みをそろえることのたいへんさはよくわかりますが、外来生物は生きものですから人間の都合など聞いてはくれません。彼らは連れてこられた新天地で生き抜くために最大限の努力をします。のんびりと構えていれば被害も生物多様性の損失もどんどん大きくなります。その結果、対策に必要なコスト（労力、費用、時間）もどんどん増えていきますから、生きもの相手の問題はじつにやっかいです。

気候変動問題にしろ、プラスチック問題にしろ、核の問題にしろ、国際的に協力すべき議論にありがちですが、時を経るほど科学的情報が蓄積されて精度も増していき、改善に向けた錦の御旗が掲げられます。ところが、目標達成に向けた歩みは人類絶滅の危機に立ち向かう姿としてはじつに遅々としたものです。環境に関わる問題が、それぞれの国に暮らす人々の日常生活に密接に関わることだからでしょう。なかなか本格的な改善にはつながりません。

テレビで『鉄腕アトム』を観て育った昭和の子どもたちにとって、二一世紀は科学の力で薔薇色の未来になるはずでした。にもかかわらず、二〇世紀と同じ旧式の覇権争いの構図のまま世界各地で紛争が続いています。そして民主主義でさえ疑いの目で見られています。それぞれの国の社会経済情勢が不安定で、格差も深刻になっているからでしょう。明日の命を左右されている人々にしてみれば、地球環境に配慮する余裕、まして外来種問題への関心など生まれるはずもありません。地球環境に関わる問題は人間社会の平穏を維持することが前提です。その意味では、国連のＳＤＧｓキャンペーンの一七の目標は、相互に密接に関連する重要な事柄であって、私たちはそれぞれの問題解決に向けて努力しなくてはなりません。

第2章　島嶼部の外来動物対策

1　自然遺産——小笠原諸島

人々の到達の経緯

竹芝桟橋から「おがさわら丸」に乗り込み、太平洋を二四時間ほど南下すれば父島の二見港に到着します。東京から南に一〇〇〇キロメートル、沖縄と同じ北緯二七度あたりの亜熱帯の海に散らばる小笠原諸島とは、人々が暮らす父島、母島、今でも火山活動が活発な西之島や硫黄島、さらに離れて沖ノ鳥島、南鳥島まで含めた、東京都小笠原村に属する三十あまりの島々を指します。

だれもが歓迎される港のにぎわいを離れて海沿いにある小笠原ビジターセンターに立ち寄れば、波乱に満ちたこの島の歴史をたどることができます。数千万年前の海底火山の噴火によって誕生した小笠原諸島の記録のうち、最初に興味をそそられるのは北硫黄島で発見された石野遺跡のことです。放射性炭素年代測定法によって紀元一世紀ごろの作であるとされた土器や石器、さらには積石の痕跡から、少なくとも弥生時代には人々が上陸していたことが確認されています。

アフリカに登場して地球のすみずみまで分布を広げた現生人類ホモ・サピエンスは、およそ四万年前に原始的な船で大海原に乗り出して、インドネシアからオーストラリア大陸に渡り、さらには太平洋の島々を行き来するポリネシア文化を形成しました。日本人の祖先にも南方から琉球の島々を渡ってきた人々がいました。驚くべきことですが、本土の旧石器時代の遺跡から伊豆諸島の神津島産の黒曜石が発見されたり、八丈島に縄文時代の人々が到達した痕跡が残されたりしていますから、人々ははるかに古い昔から近海の島々を船で往来していたことはまちがいありません。遠く離れた太平洋上の小笠原諸島に最初に到達した人々の源流はわかりませんが、それほど前から人々の出入りがあったということは、人間の関与した生物の進入も相当に古くからあったということです。

人類の歴史が記録に残るようになってからのことですが、小笠原は一五四三年のスペイン船によって初めて発見されたことになっています。それ以前にも日本の船が漂着していた可能性はありますが、記録上は秀吉が朝鮮出兵を命じたころの一五九三年に、島の名前の由来となった小笠原貞頼が日本人として初めて上陸したことになっています。

一八世紀の後半に産業革命が起こると、主役となった機械を動かすための潤滑油としてクジラの脂肪（鯨油）の需要が高まりました。欧米諸国は争うように捕鯨に乗り出し、一九世紀になるころには大西洋のクジラをおおかた獲りつくしたのです。そのためアメリカやイギリスの捕鯨船は競って太平洋に進出して、ハワイや小笠原を中継地としました。あるいは千島列島方面でラッコやオットセイといった毛皮獣を獲る者たちの中継地にもなりました。そして一八三〇年ごろに欧米人とハワイ先住民の数十人が小笠原で定住を始めると、一八四九年には捕鯨船に乗ったジョン万次郎が、一八五三年には黒船に乗ったペリーが日本の浦賀や琉球に向かう前に父島に立ち寄ったことが記録されています。近代を通して欧米諸国にはすでに知られた太平洋の中継地だったことがわかります。

江戸幕府は一八六一年に咸臨丸を派遣して小笠原の開拓を始め、日本の領土であると宣言します。幕末の動乱で中断した後は明治新政府が再開して、一八七六（明治九）年には日本の領土であることが国際的に認められました。こうした経緯の詳細は、二〇二三年に麓慎一さんが著した『一九世紀後半における国際関係の変容と国境の形成』にとても興味深く、くわしく描かれています。

小笠原村の現在

一九四〇年ごろの小笠原の定住者は七〇〇〇人を超えていましたが、太平洋戦争で前線基地になると小笠原諸島の住民は内地へ強制疎開させられ、硫黄島の激戦を経て、一九四五年の敗戦後の小笠原はアメリカの統治下となったのです。このとき先に定住していた欧米系やポリネシア系の島民が一〇〇人ほど帰島しますが、一九六八（昭和四三）年に再び日本に返還されました。令和の現在、小笠原村の人口は三〇〇〇人ほどで、その八割は美しい島に魅せられて新たに移住してきた人たちです。

一九七一年に公害問題をきっかけに環境庁が新設されたとき、国立公園行政が厚生省から移管され、その流れで返還直後の小笠原のうち、硫黄島、南硫黄島を除くすべての島が小笠原国立公園に指定されました。続く一九七五年に南硫黄島が原生自然環境保全地域に、一九八〇年には国指定小笠原諸島鳥獣保護区（希少鳥獣生息地）が指定されています。その後、生物進化の足跡を示す稀有な自然が残っていることを掲げてユネスコ世界自然遺産への登録の気運が高まると、小笠原の国有林を森林生態系保護地域に指定するなど手厚い保護制度の適用をアピールして、二〇一一年にようやく世界自然遺産地域に登録されました。これは一九九三年の屋久島と白神山地、二〇〇五年の知床に続いての登録となり、同じく世界自然遺産である南米エクアドル領のガラパゴス諸島と対比されて、東洋のガラパゴスと称されています。

小笠原諸島の目玉は、海に囲まれた独特の美しい景観、クジラ、イルカ、あるいは熱帯の魚に間近に出会うことのできる海、ウミガメが産卵にやってくる入江にありますが、その本質は孤島に残された亜熱帯の森林生態系にあり、それを構成する独自の進化をとげた生物群にあります。そのことが自然遺産登録の根拠となりました。こうして、この地の自然の理解が深まると、自然環境の保全を強化しながら観光資源としても利用するガラパゴス諸島のノウハウを吸収して、今では自然（自然資本）の恩恵（生態系サービス）によって栄える村となっています。

地理的条件や交通の不便さによって人々の活動が制限されていることは、自然環境の保全にはプラスですが、村民の生活の利便性や観光に重きを置く経済の活性化という点では、両者のバランスのとり方が村の課題となっています。そんな経緯もあって、小笠原諸島の生態系や在来生物の保護は本土では見られないほど熱心に取り組まれており、深刻な影響を持ち込む外来種の対策も非常に重視されています。

植生環境の変遷

モアイ像で有名な太平洋上に浮かぶイースター島が人類史や文明論でよくひきあいに出される理由は、この島でたくさんの石の巨像をつくりだした人々が突然のように消えた理由が謎として注目されるからです。部族間の争い、ネズミの侵入、感染症など、いろいろな説が語られますが、生きるために必要な森を無計画に使いつくしてしまったからだとする仮説も有力視されています。資源に限りのある小さな島ほどそうした問題に直面しやすいものです。小笠原諸島に上陸した人々はどうだったでしょう。

北硫黄島でストーンサークルをつくった人々がどうなったかは知る由もありませんが、ずっと先の大航海時代、あるいはその後の近代化の時代の人々は、原生自然を切り拓くのは使命だと思い込んでいた節があります。生きるためには自然を管理下に置かねばならない。コロニー（植民地）には都合のよい植物を植え、家畜を持ち込むことにもまったく躊躇していません。支配の主体がどの国であれ、小笠原諸島の自然は近代化の影響を強く受けました。

現在の小笠原のほとんどの植生は人手が加わった二次植生です。もともとの植生は一部の島でしか確認できません。父島列島の乾燥地に残る乾性低木林と、母島などの湿った地域に残る湿性高木林が代表的な植生タイプだと考えられています。明治初頭に日本から移住した人々が本格的に開拓を始めると、島民の生活資材や薪炭材を確保するために島の樹木が伐採されました。農地を拓くために放火して、ヤギ、ウシ、ブタといった家畜を持ち込んだので、森林はひどく荒廃しました。

さらに一八八九（明治二二）年ごろに砂糖の製造が始まると、薪炭需要の増加に対応するために多くの外来樹種が導入されました。たとえば沖縄などからリュウキュウマツ、アカギ、オーストラリア原産のモクマオウなどが積極的に持ち込まれて植えられました。土止めなどの防災目的あるいは緑肥や飼料として、中南米原産の落葉低木でマメ科のギンネムが導入されました。それ以外にもたくさんの植物が持ち込まれて、現在の小笠原で外来種問題の主役となっています。

したがって、自然遺産地域の登録の時点で確認された固有の生物群は、明治以後の一二〇年にわたる激しい環境変化の中を生き抜いた生物たちであり、今でも絶滅の危機に瀕しています。そして危機の主たる原因が外来種にあることが明らかになると、自然遺産の価値を護るために、影響の大きい外来種から順に駆除が進められているところです。

ところが、島という小さく閉鎖的な生態系の中で一〇〇年という時間を経てくると、固有種も外来種もたがいに依存し合う関係ができあがって、問題を解決するにはじつにやっかいなことになっています。ある外来種を排除すれば別の外来種が増えてしまうという予期せぬ現象に遭遇しながら、関係機関は試験的取り組みを重ねつつ、もとの小笠原の自然を再生すべく慎重に作業が進められています。

生物進化の足跡

太平洋の真ん中で海底が隆起してできた島ですから、自然に到達した生物となると、風に乗って飛んできたか、海から流木などとともに流れ着いたか、鳥によって運ばれてきた生物ということになります。それらに加えて意図の有無にかかわらず、人間が関与して持ち込んだ動植物によって、この島の生物多様性が構成されています。

遠いどこかからたどりついた種を起源にして、その地で独自の進化をとげた生物を固有種といいます。この小笠原にも、初めて到達した祖先から長い時間をかけて特有の進化をとげた固有種がたくさん存在します。その種の多さが自然遺産の価値として認められ、その保護に重点が置かれています。

あのガラパゴス諸島が有名になったのは、島を訪れた若きダーウィンが、フィンチという鳥のくちばしの形が島ごとに異なることに気がついて、進化論を構想したことによります。生物の種分化が著しくなる状態を生物学用語で「適応放散」といいます。ある生物種が、なんらかの理由で外敵も競合他者もいない空間に入り込んだとき、長い時間を通してその空間の特徴的な環境要素に適応して、異なる種へと進化していくことを意味します。

海洋島に最初にたどりついた生物にとって、競合する生物も外敵もいなければ、そこにある多様な空間に好きなように適応して種分化することができます。小笠原諸島でも、島ごとの地形や地質の違い、あるいは雲霧帯のような微気象の違いが異なる種を生みました。その結果、小さな陸生貝類（カタツムリの仲間）や植物の中に適応放散によるいくつもの差異が生じました。遺伝学が進歩した現在では、遺伝子レベルで分類が可能となったので、種分化の系統まで読み解くことができます。

ごく最近の二〇一三年の噴火以降どんどん面積を拡大させている西之島、今でも活動を続ける硫黄島、急峻で他者の侵入を妨げる南硫黄島といった火山島では、生物が初めて上陸してからの定着の過程を同時進行で観察できるので、まさに生物進化の足跡を一から知ることのできる舞台となっています。

小笠原の固有種の特徴

現存する生物の基本的な情報は世界自然遺産地域の指定のときに整理されています。父島、母島、兄島、弟島、聟島の主要五島に限ってみるなら、植物では、水や栄養分を吸い上げる通導組織を持つ維管束植物（シダ植物、裸子植物、被子植物）が今のところ七四五種確認されて、そのうちの一六一種が固有種です。

動物の中でもっとも種類が多いのは昆虫類で、一三〇〇種以上も確認されています。このうちオガサワライトトンボのような固有種が三七〇種以上も確認されています。さらに、一般にカタツムリとして知られる陸産貝類に関しては一〇〇種以上の確認があり、そのじつに九四パーセントが適応放散の途上にある固有種で、現在でも殻の小型化を続ける種や、殻を持たないナメクジへと進化の途上にある種が発見されています。

小笠原には在来の両生類は存在しませんが、爬虫類には固有種のオガサワラトカゲが生息しています。また、南鳥島だけにミナミトリシマヤモリが生息しています。陸上の水系には、魚類四〇種、エビ類九種、カニ類七種が確認されており、かつて海を渡ってたどりついた後に、汽水域、淡水域へと適応していった進化の経緯を解明する貴重な存在となっています。

空を飛ぶ鳥類は海を渡って飛来してきます。海鳥としてはアホウドリの仲間やミズナギドリの仲間が二〇種以上確認されています。固有種へと進化したのは陸鳥で、アカガシラカラスバト、ハシナガウグイス、ハハジマメグロ、オガサワラカワラヒワなど、一三種が固有種・固有亜種として生き残っています。じつはそれほど古くない過去に、オガサワラマシコ、オガサワラガビチョウ、オガサワラカラスバト、ムコジマメグロなどの固有種が存在していたのですが、みな絶滅しました。

生き残った固有の動植物の多くは国の「天然記念物」などに指定されて、その生息実態が定期的に調査されています。また、絶滅の危険性の度合いに応じて国のレッドリストに記載され、必要に応じて種の保存法の「国内希少野生動植物種」に指定されて、保護が強化されています。

現存する固有哺乳類

小笠原に生き残った固有の哺乳類は飛ぶことのできるオガサワラオオコウモリのみです。現在、父島、母島、火山列島（硫黄列島）に三〇〇頭ほどが分布しています。過去にはオガサワラアブラコウモリという小型のコウモリが生息していたことが、大英博物館所蔵の剝製によって確認されています。

オオコウモリの仲間はアフリカからアジアにかけての亜熱帯から熱帯に分布する哺乳類で、日本には琉球列島のクビワオオコウモリと、小笠原のオガサワラオオコウモリの二種だけが生き残っています。別種のオキナワオオコウモリはすでに絶滅しました。オガサワラオオコウモリは一九六九年に文化財保護法による国の「天然記念物」に指定されて保護の対象となり、二〇〇九年には種の保存法の「国内希少野生動植物種」に指定されて、国の機関による「オガサワラオオコウモリ保護増殖事業計画」が策定されて、保護に向けた対策が実施されています。環境省の「レッドリスト二〇二〇」では絶滅危惧ＩＢ類（ＥＮ）にリストされています。

私たちがよく知るコウモリとは、暗い洞窟の中で音の反響によって位置を把握するエコーロケーションという能力を持つ動物でしょう。これは耳の発達した小型のコウモリ類の特徴です。オオコウモリの仲間は視覚によって位置を確認するので、目が大きくサルのような顔をしています。そして果実や花蜜を食べて生活しています。オガサワラオオコウモリは森林内で植物の果実や葉を食べますが、人間の影響によって食物が減少してしまい、集団ねぐらの場所も限られてしまいました。今では農地で栽培されているマンゴやバナナに食害を出すので、農民が設置した防護ネットに絡まって死ぬことがあります。また、オオコウモリ本来の食物であるタコノキの実を外来種のネズミが食べてしまうとか、外来種のノネコがオオコウモリを襲って食べることまで確認されて問題となっています。

陸生貝類の危機

一般にカタツムリとかマイマイと呼ばれる無脊椎動物の陸生貝類が、小笠原には一〇〇種以上も確認されています。その九四パーセントが固有種です。にもかかわらず、人間が持ち込んだ外来種によって生存の危機が続いています。状況の変化は島によって異なりますが、人間による森の切り拓き、ノヤギによる植生環境の悪化、その他にも、ノブタ、ネズミ類、グリーンアノール、オオヒキガエル、ウシガエルといった外来動物による貝類の捕食が危機につながっています。

また、一九三〇年代に食用目的で持ち込まれたアフリカマイマイの影響もあります。この外来の大型カタツムリが飼育下から逃げ出し、急速に増えて在来の小型カタツムリと競合しています。アフリカマイマイは植物を食べるので農作物にも被害を出し、ヒトに寄生する広東住血線虫の中間宿主でもあることが確認されて、日本の植物防疫法の「有害動物」に指定されています。こうした理由からアフリカマイマイはとくに生態系や人間生活への影響が大きいとしてＩＵＣＮ（国際自然保護連合）が定めた「世界の侵略的外来種ワースト一〇〇」にリストされています。この大型カタツムリの急増に対処するために、米軍統治下の一九六五年にアフリカマイマイを捕食するヤマヒタチオビという動物食のカタツムリが天敵として持ち込まれました。ところが、このカタツムリはアフリカマイマイに特化して捕食するわけではなく、在来の小型カタツムリも食べるので、小笠原固有のカタツムリの多くが減少して、いくつかの種は絶滅したと考えられています。

一九八〇年代になると、陸生貝類を捕食する陸生プラナリアの仲間が発見されて問題となりました。現時点での脅威はニューギニアヤリガタリクウズムシという種で、外来種、在来種を問わず陸生貝類を捕食して確実に減らしており、小笠原諸島の生物進化の記録を消滅させようとしています。そのため、その生息が確認された島では、森林内への侵入や、別の島への侵入を防ぐことが緊急の課題となっています。侵入の経緯が意図的であったかどうかは定かではありませんが、海外にはアフリカマイマイ駆除のためにニューギニアヤリガタリクウズムシを意図的に導入した事例もあることから、小笠原でも意図的に導入された可能性は否定できません。

グリーンアノール

小笠原で急増して問題となっている外来の爬虫類がグリーンアノールです。本来はアメリカ南東部に分布する体長一〇～二〇センチメートルほどの鮮やかな緑色のトカゲです。これがペットとして、あるいはトカゲを食べる動物の餌として持ち込まれたものが逃げ出し、その密度が高まると生態系に問題を起こします。確認されている限り、ハワイ、グアム、ミクロネシアなどの島々、日本では沖縄や小笠原で野生化しており、固有種の小動物や昆虫類を食べて絶滅へと追い詰めています。グリーンアノールの捕食による昆虫類の減少は植物の花粉の媒介に影響することから、農業の害獣としても位置づけられています。日本では外来生物法の「特定外来生物」に指定され、日本生態学会が定める「日本の侵略的外来種ワースト一〇〇」にリストされています。

小笠原へのグリーンアノールの持ち込みは、父島で一九六〇年代、母島では一九八〇年代と考えられています。なぜか父島でとても高密度になって、島に固有の爬虫類であるオガサワラトカゲとニッチを競合し、その捕食まで確認されています。また、さまざまな昆虫類を捕食するので、チョウ、セミ、トンボといった何種類もの固有の昆虫類を絶滅の危機に追い詰めています。環境省では二〇〇四年から駆除事業を開始していますが、船にまぎれこんで他の島に侵入することや、小笠原唯一の猛禽類である希少種のオガサワラノスリが捕まえて食べるので、ノスリに捕まったグリーンアノールが生きたまま別の島に運ばれてしまう危険性があると警戒されています。逆に、グリーンアノールの排除がノスリの獲物を減らし、代わって在来の動物へのノスリの捕食圧が高まる可能性など、閉鎖的な生態系内で行う対策の影響については深い配慮と慎重さが必要とされています。

外来のカエル

小笠原には固有の両生類は存在しません。ただし、外来の両生類であるオオヒキガエルが父島と母島に、ウシガエルが弟島に持ち込まれて問題となりました。両種とも何万という卵を産む繁殖力の強い種です。そして小型の動物や昆虫類を捕食します。とくにオオヒキガエルは毒を持ち、このカエルを食べる捕食者を死に至らしめます。両種とも外来生物法の「特定外来生物」に指定されており、「世界の侵略的外来種ワースト一〇〇」の他に「日本の侵略的外来種ワースト一〇〇」にリストされています。

オオヒキガエルはアメリカ合衆国のテキサス州南部から、中米、南米北部にかけて自然分布するカエルで、害虫駆除の目的で太平洋の島々やオーストラリアを含むオセアニアの島々に導入されました。小笠原では米軍統治下の一九四九年に父島に持ち込まれました。さらに一九七四年にはオオムカデやイエシロアリなどの天敵として父島から母島に持ち込まれました。実際にオオムカデは激減しましたが、オオヒキガエルによる在来昆虫の捕食が問題となっています。

ウシガエルは食用として世界各地に導入された歴史があり、日本でも一九一八年に国策として各地に持ち込まれました。小笠原に持ち込まれた時期は不明ですが、住民がいなくなった弟島に最近まで生き残っていました。弟島にはまだグリーンアノールが上陸していないので、他の島で消えてしまった固有のトンボが五種も生き残っていることから、そのヤゴをウシガエルが食べてしまうことが問題となりました。カエルの場合は、産卵のために集まってくる池や緩やかな流水を特定できれば駆除のターゲットを絞ることができるので、グリーンアノールよりは対策がとりやすいとされています。そして二〇〇九年に弟島のウシガエルは根絶排除されました。

弟島のノブタ駆除

ブタが小笠原に導入されたのは人々が移り住んだ一八〇〇年代のころで、いったんは絶えていたのですが、米軍統治下の一九四七年に島民の食用として再び持ち込まれました。そして人間の住まなくなった弟島で野生化してノブタとなりました。

弟島は父島列島の兄島の北に位置する面積五・二平方キロメートルの小さな島です。人間の住んでいたところに、ブタ、ヤギ、ウシガエルが放されました。雑食性のノブタは植物の葉から根茎まで、あるいは動物ならなんでも食べてしまうので、生態系の全体に強い影響を与えます。固有種の昆虫類やカタツムリ（陸生貝類）、海岸で産卵するアオウミガメの卵まで食べてしまいます。また固有種のアカガシラカラスバトの水浴び場を壊し、固有植物であるシマホルトノキの実を食べることも確認されたので、二〇〇五年に環境省と東京都によって弟島のノブタを根絶する対策が始まりました。

その予備調査の段階で、ウシガエルを食べた残骸がよく見つかることや、ウシガエルの警戒心が他所に比べて強いことが確認されて、ノブタの捕食によってウシガエルの個体数が抑えられている可能性が予見されました。そのため、先にノブタを排除するとウシガエルが増えてしまう可能性があることから、ウシガエルの駆除が先行されました。

先にあげたように、外来カエルの対策には産卵のために集まってくる池の位置を特定して、その場所で集中的に卵、幼体（オタマジャクシ）、成体を捕獲して除去すればよいのです。幸いにも弟島は面積が狭くてウシガエルの産卵に適した場所は二カ所しかなかったので、産卵期に卵やオタマジャクシを排除し、成体をワナで捕獲して、声の録音や卵や幼体の確認調査を重ねて、二〇〇八年に完全排除が確認されました。このウシガエル駆除の進行状況を視野に入れつつ、二〇〇五年から、ワナ、銃、猟犬を使ってノブタの捕獲が進められ、二〇〇七年までに合計二一〇頭が捕獲されて、二〇〇九年には根絶が確認されました。

一方でノヤギの捕獲も進められたのですが、ノヤギの根絶が先行すると植物が繁茂してノブタの姿が隠されてしまうことから、ノブタの捕獲を先行してノヤギの捕獲作業を進めるといった配慮もされました。こうして二〇一二年にはノヤギの根絶も達成されたのです。無人島であることが有利に働いたとはいえ、各種外来種の根絶に向けてじつに細かく配慮されてきたことがわかります。

ノヤギ対策の経緯

ノヤギの問題については、常田邦彦さん、滝口正明さんが『日本の外来哺乳類』（二〇一一年）の中でくわしく書かれています。一五世紀に始まった大航海時代以来、腐らないタンパク源として、生きたまま家畜のヤギ、ブタ、ウサギ、もちろんイヌやネコもいたでしょうが、彼らを航海に連れていき、持続的に利用できる食料として中継地の島に放す。そんなことが普通に行われていました。世界各地の島に持ち込まれて野生化したヤギは、島の生態系に強い影響を与えるので、「世界の侵略的外来種ワースト一〇〇」、「日本の侵略的外来種ワースト一〇〇」にリストされています。また、日本では「生態系被害防止外来種リスト」の「緊急対策外来種」となっています。

小笠原にいつごろヤギが持ち込まれたかは不明ですが、少なくとも一九世紀には、欧米系島民によっても、日本人によっても、小笠原のあちこちの島にヤギが持ち込まれていたようです。そして第二次世界大戦のころに聟島列島以外のヤギは食用に獲りつくされています。繁殖による増加分より利用が大きくなれば、いずれはいなくなるものです。そして戦後の米軍統治下で住民が帰島したとき、聟島列島から父島列島の島々へと再びヤギが放され、利用しなくなると放置されてノヤギとなりました。群れで行動するノヤギは個体数が増加すると生態系に強い影響をおよぼします。固有種であろうが外来種であろうが植物に強い採食圧をかけ、踏みつけによって植物群落を破壊するので地面の乾燥化や裸地化が進みます。あるいは外来植物の種子を体につけてあちこちに拡散することも指摘されています。こうしたノヤギによる植生環境の攪乱は小笠原固有の動物群、とくに陸生貝類や昆虫類にも影響がおよんでいると考えられています。また土壌浸食が始まると海に大量の土砂が流れ込むので、サンゴ礁にも影響がおよんでいます。

小笠原のノヤギ駆除は外来生物法の成立（二〇〇五年施行）よりずっと前の一九七〇年に始まりました。父島列島の南島という小島で、東京都が二カ年をかけて合計二〇頭を捕獲して排除が完了しています。これは一九六八年の返還直後に文化庁による学術・天然記念物調査が実施されたとき、ノヤギによる植生環境の破壊が問題視されたことがきっかけです。一九九二年に成立した生物多様性条約に日本が批准すると、外来生物の問題も注目されるようになったので、一九九七年から再び東京都による聟島列島でのノヤギ駆除が始まりました。そして二〇〇三年には排除が完了して、続く二〇〇四年からは父島列島の兄島、弟島、西島で排除が進み、二〇二三年現在では父島に残るのみとなっています。ただし、排除が完了した島ではノヤギに抑圧されていた外来植物が勢いを増して、新たな問題を起こしています。

父島のノヤギ対策

父島（二三平方キロメートル）のノヤギ駆除は二〇一〇年に開始されています。他の島での根絶達成からすれば不可能ではないのですが、父島特有の問題がいくつかの作業をむずかしくしています。

もっとも大きな問題は島の内外を問わず人々の出入りが多いことによります。父島に住んでいる住民の日常生活に加え、コロナ禍前なら年間三万人近くの観光客が小笠原の自然環境を求めてやってきます。彼らを対象とした海や森のツアー・ガイドは島の重要な産業となっています。そのため、ノヤギ駆除で行われる、銃の発砲、ワナの設置、さらに駆除個体の処理についても、無人島よりはるかに慎重に対処されており、捕獲の日時も場所も制約を受けます。

もう一つ、猛禽類のオガサワラノスリの繁殖への影響が懸念されています。オガサワラノスリは絶滅危惧ＩＢ類（ＥＮ）であり、天然記念物にも指定されています。ノヤギは急峻なガレ場を好んで利用するので、目視が可能なそうした場所での銃による狙撃がもっとも効率のよい捕獲方法です。しかし、そうした場所はノスリの営巣地として利用されるので、ノスリが神経質になる繁殖期の晩秋から春にかけては銃器の使用を控えなくてはなりません。ワナによる捕獲作業も営巣木への接近に配慮しなくてはなりません。

先行してノヤギが排除された島で明らかになったことは、ノヤギの食圧によって生長が抑制されていたモクマオウ、ギンネム、タケ・ササ類といった外来植物が、ノヤギの密度が下がることで勢いを増すことです。これらの外来植物は東京都や林野庁の事業で駆除が進んでいますが、対策のタイミングに配慮しなくてはなりません。小笠原村、東京都、環境省によって二〇一〇年から始まった父島でのノヤギ駆除は、こうしたことを総合的に考慮しながら進められています。そしてノヤギの個体数が目に見えて減った二〇一六年から、外来植物の繁茂を警戒して二年ほど意図的に捕獲圧を下げたところ、ノヤギの個体数はすぐに増加に転じました。そのため再び捕獲強化策に切り替えたものの、根絶排除のゴールはなかなか見えてきません。

父島には、この島の一部にしか生育しないノボタン科のムニンノボタンという植物や、鳥類のアカガシラカラスバトなど、種の保存法で「国内希少野生動植物種」に指定されている動植物が生き残っています。その増殖のために、環境省は自然の質の高い東平と呼ばれる二・一平方キロメートルの森林を自然再生区として、ノヤギ、ノネコ、プラナリアの排除を意図した堅固な構造の柵で囲み、中に残ったノヤギを捕獲して設置の翌年には排除が完了しました。ところが、二〇一九年の大型台風によって柵の一部が壊れると、すぐに柵内にノヤギが入り込んで増えてしまったのです。柵の修復と柵内のノヤギの駆除は行われましたが、そのまま放置されれば柵の設置事業そのものが元の木阿弥でした。

こういうところが生きもの相手の対策事業のむずかしいところです。つねに不測の事態を想定して、監視を継続し、緊急事態が発生した場合にすぐに対処する体制と予算を確保しておく必要があります。日本の生物多様性の中でも、この島にしか遺っていない超のつく希少生物を絶滅から救うということは、大災害の予防措置と同じくらいにたいへんな作業です。

ネコ対策

小笠原ではネズミ対策目的やペットとして古い時代から持ち込まれていたネコが野生化してノネコとなり、大きな問題を起こしています。二〇〇五年に調査用の自動撮影カメラに絶滅危惧種のアカガシラカラスバトをくわえたネコが撮影され、オナガミズナギドリやカツオドリなど海鳥の繁殖地がネコに襲われて消滅の危機にあることが確認されたため、急遽、関係行政機関、地元のＮＰＯらによる「小笠原ネコに関する連絡会議」が設置され、ネコの捕獲が開始されました。捕獲されたネコは殺処分されることなく内地に運ばれ、東京都獣医師会によって健康診断や不妊・去勢手術を施したうえで、里親探しが行われるようになりました。

こうして、なんとか無人島からの排除は完了したものの、有人島の父島や母島では、人間に依存して暮らし、繁殖を重ねるネコがいるために、なかなか個体数を減らせていません。ネコによる固有種への影響が確認されるたびに普及啓発が強化されてはいるものの、捕獲が行き届かない現状があります。そのため、一九九八年には全国初のネコ関連の条例である「小笠原村飼いネコ適正飼養条例」が制定されて、島内の家庭で飼育されているイエネコにマイクロチップを装着し、集落内で生活するノラネコを捕獲しては不妊・去勢手術を施し、増殖を抑制しながら新たなノネコの発生を抑制してきました。二〇一六年以後は、関係行政機関、東京都獣医師会、ＮＰＯらによって「小笠原動物協議会（おがさわら人とペットと野生動物が共存する島づくり協議会）」が組織されて活動が継続されています。

ネズミ対策

注目すべきことはネズミの駆除事業にも見ることができます。小笠原に生息する外来のネズミは、ハツカネズミ、クマネズミ、ドブネズミの三種です。父島列島では、父島にクマネズミとハツカネズミが、その他の島にはクマネズミが侵入しています。母島列島では、母島に三種とも侵入しており、その他の島にはドブネズミが侵入しています。また聟島と聟島鳥島にはクマネズミが確認されています。これら外来ネズミについては、橋本琢磨さんが『日本の外来哺乳類』（二〇一一年）の中で詳細に書かれています。

これらのネズミは固有の植物の種子や実生を食べるので、オガサワラオオコウモリとタコノキの実などを競合します。また固有の昆虫類、陸生貝類、固有爬虫類のオガサワラトカゲ、鳥類の卵、雛、親鳥を食べて、生態系に影響を与えていることが確認されています。そのため環境省によって二〇〇五年から検討が進められ、二〇一〇年に実行に移された方法が殺鼠剤の散布でした。このとき、村民の健康上の安全や生態系への影響といった点から村民の関心がきわめて高かったにもかかわらず、十分な説明もなく村民不在のまま複数回の散布が実行されたことに強い批判の声があがりました。そして、すぐにネズミ対策検証委員会が設置され、信頼回復のための対策がとられています。その経緯は、環境省事業の報告書「平成二七年度小笠原国立公園ネズミ対策における属島海域環境リスク検証業務報告書（一財・日本環境衛生センター）」に細かく記載されて、ウェブサイト上で読むことができます。

積極的な外来種対策の理由

自然環境保全への村民の意識はとても高く、合意形成のプロセスがていねいに進められています。こうしたことは環境問題を改善していくための重要なステップですが、大型のノヤギから小さなプラナリア、さらには外来植物まで、複数の外来種対策が同時進行で進められている場所など本土では見あたりません。行政機関も住民も研究者も一緒になって、外来種対策が熱心に進められている理由はどこにあるのでしょう。

一九七二年にユネスコに世界遺産条約が誕生したとき、戦後復興と経済発展を急ぐ当時の日本政府は、既存の法制度で十分との判断で批准しませんでした。その後も研究者やNGOが根気よく要請を続け、ようやく批准に至ったのは二〇年も後の一九九二年のことでした。こうした変化は高度経済成長時代を突き進んだ昭和の終焉とも関係しているでしょう。平成に入った一九九二年に地球サミットが開催されたとき、日本政府は生物多様性条約に批准します。同年には種の保存法が施行に至り、亜熱帯の小笠原の動植物についても希少性の評価が進みました。

世界自然遺産への登録は、一九九三年に「屋久島」と「白神山地」で先行しますが、「知床」、「奄美・琉球」とともに「小笠原諸島」が候補地として議論が始まったのは、さらに一〇年を経た二〇〇三（平成一五）年のことでした。このときの登録気運がその後の小笠原の自然環境の保全にとって重要な意味を持ったと思われます。

自然遺産地域の登録には、対象とする自然環境の内容や保護の実現可能性について、国連ユネスコ事務局による厳格な審査を通さなくてはなりません。そのため、地域連絡会議、科学委員会を開催して、推薦書や管理計画の検討が進められます。その作業と並行して外来種対策の取り組みも強化されました。そして二〇〇七（平成一九）年にようやくユネスコに対して暫定リストが提出され、二〇一〇年に推薦書・管理計画が提出されて、審査機関であるIUCN（国際自然保護連合）の現地調査を経て、翌二〇一一年に登録が決定されました。この地で外来種対策が進む理由はこうした背景によります。

そして、登録の当初から「世界自然遺産小笠原諸島管理計画」が準備されています。その改正二〇一八年版を読めば、遺産地域の保全に関して次々と浮上する課題、それに前向きに対処し続けてきた関係行政機関、民間事業体、専門家、ＮＧＯの努力の経緯を知ることができます。国内の法制度を最大限に駆使して計画されたそれは、さながら自然保護の方法論の展示場のように充実しています。

もちろん絶え間なく浮上する問題に対して十分に対応できているわけではありませんから、関わりを持つ人たちにしてみれば、「充実しているといわれても……」と、冷ややかな笑みが浮かぶかもしれません。それでも、日本全国の外来種対策に比べれば、何歩も先を走っていることは事実です。面積あたりの、関係する人々のエネルギーの集中具合や予算の投入量はとても高いものです。予算の出所も、村の他に国や東京都ですから、他の自治体と比べれば実行予算に余裕が感じられます。だからこそ、小笠原の自然遺産地域の保全の取り組みには先行モデルとしての好例をたくさん拾うことができます。

目をひくのは、外来種の問題が浮上するとすぐに利害関係者（ステークホルダー）である国、東京都、小笠原村の複数の関係行政機関、ＮＧＯ、村民、専門家らによる協議会が立ち上げられて、問題解決に向けた議論が始まることです。それらの意見をふまえて計画書がつくられ、見直されながら対策が実行に移されます。このことは二〇一八年の小笠原管理計画に掲載された事例一覧を眺めれば理解されるでしょう。これまでに七つの法律に関係して、三つの条例、六つの自主ルール、そのうえ一五のガイドラインや計画がつくられています。

小笠原村民が自然環境保全にこれほど前向きな理由は、行政業務が淡々と進められていること以上に、稀有な生物群に対してたくさんの専門家が強い関心を持ち続けていること、自然遺産登録の準備段階から村民自身が観光資源として認識しながら、自然の価値の理解に努め、その保護に熱心に参加していることによるでしょう。

2　自然遺産——奄美・琉球

五番目の自然遺産地域

九州南端から台湾まで一二〇〇キロメートルにわたる弓状の島の連なりを地学用語で琉球弧と呼びます。このうち一般に琉球諸島、奄美群島と呼ばれる地域の一部が、二〇二一（令和三）年の夏に、「奄美大島、徳之島、沖縄島北部及び西表島」として世界自然遺産に登録されました。以下、「奄美・琉球」と略しますが、国内では小笠原諸島に続く五番目の登録です。一九九二年の地球サミット以来、温暖化問題を筆頭に環境に関する国際情勢が毎年のように変化しています。そのことは自然遺産の外来動物対策にも現れています。

世界自然遺産地域とは、国連のユネスコに事務局を置く世界遺産条約に登録された自然地域のことで、「世界で唯一の価値を有する遺跡や自然地域などを人類全体のための遺産として損傷又は破壊等の脅威から保護し、保存し、国際的な協力及び援助の体制を確立する」との目的に合致すると評価されて登録された自然地域のことを指します。

登録の条件は厳しく、三つの条件が満たされている必要があります。一つには「自然美」、「地形・地質」、「生態系」、「生物多様性」の四つの評価基準（クライテリア）のいずれかを満たしていること。二つめは「完全性の条件」と呼ばれる次の事項を満たしていること。それは、顕著な普遍的価値を示すための要素がそろっており、適切な面積を有し、開発などの影響を受けず、自然の本来の姿が維持されていることです。三つめは、顕著な普遍的価値を長期的に維持できるよう十分な「保護管理（protection and management）」が行われていることです。これらの条件を満たす地域が、「世界で唯一の自然の価値を有する国際的に重要な地域」として登録されます。また登録されることによってその保護をいっそう強化することができます。

「奄美・琉球」の場合は、亜熱帯に位置することによる生物相の豊かさ、島が誕生した経緯に関わる個性ある生物群が現代まで生き残っていることの価値、それらが評価基準の「生物多様性」に該当するとして評価されました。おそらくもっとも厳しい条件は、世界基準の「保護管理」を持続し続けることにあります。これは国際条約ですから無視することはできません。世界の厳しい目を前にしてお茶を濁すこともできませんから、自然遺産地域に登録された場所では、その国の自然保護の集約された姿を見ることができます。そこで表現される自然保護にはその国の文化水準が現れるといっても過言ではありません。

そして評価基準の「生物多様性」に該当して選ばれたからこそ、「奄美・琉球」では外来種の問題にも積極的な対策がとられています。低温や雪など、生物の活動を制限する地理的条件は南に行くほど緩和されるので、持ち込まれた外来種の活動も活発になり、新たな生態系に適応して生き残る外来種の種類も多くなります。おまけに生態系の中では、在来、外来を問わず他の生物種とのたがいに複雑な関係を築いてしまうので、実際のところ、その対策はとてもやっかいなものとなります。

琉球弧の出現

地学用語で琉球弧と呼ばれる連続的な島嶼群は、長い歴史を通して政治体制がめまぐるしく変わり、そのたびに政権のおよぶ範囲が変わり、名称も変わりました。その名残で、用いる場面によって名称の範囲がばらついたりするので、二〇一一年の「地名等の統一に関する連絡協議会」で公式名称が決められています。生物を扱う本書では、全体を琉球弧と呼び、遺産地域に関係するエリアには、琉球諸島、奄美群島という呼称を使うことにします。

琉球弧の島々は、大陸側のユーラシアプレートの下に海側のフィリピン海プレートが沈み込む境界（琉球海溝）に沿って並んでいます。数千万年前という遠い昔に、後に日本列島となる陸塊が大陸から離れると、地殻変動のたびに原始の日本海を囲む陸地の一部がつながったり離れたりしてきました。一方、現在の東シナ海の海底で二〇〇〇万年前あたりから沈降や伸長が続くうちに、沖縄トラフと呼ばれるなだからな盆地（海盆）が広がりました。その過程で琉球海溝のユーラシアプレート側（大陸側）にシワができるように南西諸島海嶺と呼ばれる山脈が盛り上がり、この山脈の海上に突き出た部分が琉球弧を形づくる島々の原型となりました。その後、この山脈を横切る方向に地殻変動が起きて、水深一〇〇〇メートルを超える二カ所の深い谷（海裂）ができました。このうち種子島と奄美大島との間にできた谷はトカラギャップ、慶良間諸島と宮古諸島の間にできた谷はケラマギャップと呼ばれています。

その後の何万年という時間の中でさらに地殻の隆起や沈降あるいは火山活動が続く一方、地球規模で寒冷期（氷期）と温暖期が繰り返され、氷河や氷床が凍結と溶解を繰り返したことで、地球全体の海水面が一二〇メートルにも達する上下変動を起こします。そのため陸地の浅い部分は海に沈んだりつながったりしました。今でも研究成果が積み上がるたびに修正されますが、おおむねこのような経緯を経て現在の琉球弧ができあがりました。また、この一〇〇万年単位の地学的考察を補完するように、大陸の動植物が陸地をたどって日本列島に進入してきた経緯が議論されています。それぞれの島に生き残っている生物の特徴が、島が切り離されたプロセスを推論する根拠の一つになっています。

生物地理学という学問では、より早くに海に沈んだトカラギャップを渡瀬線、ケラマギャップを蜂須賀線と呼んで、日本の生物の分布を分ける境界線としています。渡瀬線より北の島には九州の生物群と共通する種が多く出現することから、渡瀬線は暖温帯と亜熱帯の生物群の境界線とされています。一方、蜂須賀線よりも南にある島には台湾の生物群と共通する種が多く現れます。さらに長く大陸から切り離されて外敵も競合種もいなかったことを証明するように、琉球弧にはイリオモテヤマネコやヤンバルクイナをはじめとする希少性の高い固有種がたくさん現存します。古くから人間の影響を強く受けてきたこの地で、彼らが現代に至るまで滅びなかったことは奇跡に近いことです。

諸説ありますが、約六万年前までにアフリカを出たホモ・サピエンス（現生人類）がユーラシア大陸の東の端に到達して、その先の日本列島へと進入したのは他の動植物よりずっと後のことで、旧石器時代と呼ばれる四万年前あたりと考えられています。そのとき南方ルートの琉球弧は陸地として九州まで連続していたとする説もあれば、すでに島嶼化していたとする説もあり、後者であれば人類は船で海を渡ってきたことになります。いずれにしても、サンゴに起因する石灰岩質の土壌のおかげで琉球弧の島々には旧石器時代から縄文時代にかけての遺跡や人骨が数多く発見されて、この地で人類の活動が活発であったことの確かな記録となっています。

古代の琉球弧

琉球弧に展開された人類史では、紀元前五〇〇〇年から紀元一一〇〇年（一二世紀）に至る六〇〇〇年もの長い期間を貝塚時代と呼んでいます。この間は漁撈・採集と交易を中心とする文化が長く続いたと考えられています。これを日本本土の時代区分でとらえるなら、縄文時代から弥生時代を経て平安時代末期にまでおよびます。この間に大陸から九州へと入り込んで日本列島を北上した農耕技術は、琉球弧には定着しませんでした。その理由は平地が少ないとか、水が得にくいとか、島独特の環境条件のせいで初期の稲作技術が定着できなかったためだろうと考えられています。

琉球弧に残る文化には、南方から影響を受けたものと九州の縄文文化から影響を受けたものが入り交じっています。このことは海を渡って人々の交流がさかんであったことを意味します。実際、日本、台湾、中国、あるいは東南アジアの文化圏との間では、たとえば現在の沖縄県最北端に位置する硫黄鳥島で産出される硫黄が流通していたことや、「貝の道」と呼ばれるほどに、ゴホウラガイ、イモガイ、ヤコウガイといった貝殻を用いた品々が流通していたことが確認されており、これらの国で活発に交流が行われていたことは確かなことです。

朝鮮半島から、対馬、壱岐経由で九州に至るルート、北方のサハリンから北海道に至るルートと並んで、島が弓状に連なる琉球弧は日本と大陸を結ぶ幹線路の一つとして古くから継承されてきました。船旅に必要な水や食料などの補給、海が荒れた場合の安全のことを考えれば、島をたどるルートは、じかに大海を横断するより少しは都合がよかったでしょう。

日本の飛鳥時代にあたる六〇七年に書かれた中国の『隋書』に記録上初めて「琉求」の文字が現れます。また奈良時代の日本で七二〇年に完成したとされる『日本書紀』には、七世紀の出来事として琉球の人々との交流を示す記述や、「海見嶋」、「阿麻弥人」という文字も現れます。『続日本書紀』にも「菴美」、「奄美」という文字が現れます。そして八世紀には遣唐使が奄美経由で中国(唐)に渡っています。

少し視野を広げれば、七世紀の飛鳥時代に大化の改新を行った中大兄皇子が天智天皇となって、百済の要請に応じて朝鮮半島に遠征しているのですが、このとき白村江の戦い(六六三年)で唐・新羅連合軍に負けたことが、ヤマト政権が日本の中央集権化を進め、国防体制を強化するきっかけになったと考えられています。そして大陸への窓口だった九州の筑前国(現在の福岡県)に出先機関として大宰府が置かれました。また、琉球弧とのつながりも深かったと考えられる南九州で勢力を持っていた熊襲あるいは隼人といった勢力が、一〇〇年ほどのうちにヤマト政権に制圧されました。このことは琉球弧の島々にも影響したに違いありません。

中世の琉球弧

一〇世紀に羅針盤を使った航海技術が向上すると日本でも大型船がつくられるようになり、中国(宋)や東南アジア方面との交易がいっそうさかんになりました。その一方で、寇(こう)(外敵の意)と呼ばれる海賊の活動も活発になっています。九世紀の後半から一〇世紀にかけては、おもに新羅人による「新羅寇」が九州各地を襲っています。一〇世紀には、南島(なんとう)と呼ばれた琉球弧の島を根城にする南蛮(なんばん)と呼ばれる海賊による「南蛮の寇」が起きています。ちなみに南蛮人という呼び名は室町時代以後にオランダ人なども含むようになりました。そして一三世紀には日本人を主体とする「倭寇」が大陸の沿岸を荒らしまわっています。こうしたこともあって、一一世紀の初めに奄美大島の東にある喜界島に大宰府の出先機関が置かれていますから、この地にヤマト政権の力がおよんでいたことがわかります。

一方、一〇世紀から一二世紀のころ、琉球弧の主要な島に「按司(あじ)」と呼ばれる政治的支配者が登場して、グスクと呼ばれる城塞的建築物を核にして統治する時代が始まりました。このころには洗練された技術をともなう農耕が始まっています。さらに一四世紀になると沖縄本島に、中山、北山、南山という三つの統一小国家が誕生して、三山時代と呼ばれて一〇〇年ほど続いた後、一五世紀に中山の尚氏(しょうし)がこれらを統一して、一四二九年に首里城を中心とする琉球王国を誕生させました。

そのころの日本は中世にあたり、足利政権が弱体化して応仁の乱に代表される動乱期に入っていたことから、中央政権による南島(琉球)への関心は薄れていました。同じころ、琉球弧でも、琉球や奄美の按司勢力や、喜界島を拠点とする倭寇らが海をまたいで覇権を争う時代となっていたのですが、琉球王国が琉球諸島から奄美群島に至る琉球弧の島々を次々に征服し、一四六六年には喜界島まで制圧して、その支配を完成させました。このことは中国と日本を結ぶ幹線路の支配につながり、琉球王国は中国(明)への朝貢と日本との交易によって栄えました。

ところが一七世紀になると、戦国時代を制して江戸幕府を開いた徳川政権が、欧米諸国に対する警戒から、すぐに薩摩藩の島津氏に命じて琉球王国の制圧に乗り出しました。そして一六〇九年に首里を攻略すると、表向きは琉球王国の領地としつつ属国化しました。琉球の人々にとっての「ヤマト世」のはじまりです。以後、中国（明・清）との交易の実権を薩摩藩に握られて、琉球王国は弱体化していきます。さらに、サトウキビから黒糖をつくる技術の利益も薩摩に奪われます。とくに薩摩藩の直轄地とされた奄美群島では、サトウキビ栽培を強制されて長く過酷な取り立てが続くことになりました。その時代に島流しとなった西郷隆盛が窮状の改善を役人に訴えたことが知られています。

近現代の琉球弧

近代の琉球をめぐる覇権争いは、やはり先に紹介した麓慎一さんの本を読むとよくわかります。競ってアジアに進出してきた欧米諸国やロシアと駆け引きをする日本や清。その間で翻弄される小国・琉球の様子が生々しく記録されています。

一九世紀に意図的にアヘン戦争を起こし、中国（清）の市場開拓を強引に進めた欧米列強は、次のねらいを日本に定め、手始めに琉球王国に開国をせまりました。とくにアジアでの覇権争いに出遅れたアメリカが熱心で、一八五四年に小笠原経由で首里城にやってきたペリーは親書を押しつけ、その足で浦賀に向かい、日本に不平等な日米和親条約を結ばせたうえで再び琉球に戻り、強引に琉米修好条約を結ばせました。日本ではこの不平等条約が災いして尊王攘夷の幕末の動乱が始まり、徳川長期政権が倒れました。

続く明治政府はアメリカに奪われないよう、すぐさま琉球王国を併合して琉球藩とし、一八七九（明治一二）年の廃藩置県で沖縄県としました。北のはずれで蝦夷地を奪って北海道とし、ロシアとの間で、樺太、千島列島の覇権を争っていたのと同じころのことです。こうした動きに中国（清）が反発しますが、一八九四（明治二七）年の日清戦争で清が敗れると、日本は台湾を割譲し、琉球の日本主権を確定しました。琉球処分（琉球併合）と呼ばれるこの一連の経緯によって琉球王朝は滅びました。このとき奄美群島は鹿児島県（旧薩摩藩）の支配地となり、砂糖が生み出す利権は鹿児島県に独占されて、実質的な植民地支配が第二次世界大戦後まで続きました。明治政府は台湾や朝鮮半島と同じように琉球弧でも日本化を強要しています。

第一次世界大戦後の一九二〇年あたりに日本本土で不況が広がると、琉球や奄美でも貧困や食料難が激しくなり、その苦境から逃れるように日本政府の移民政策に乗って、ハワイ、中南米、南洋方面へと、たくさんの人々が移住しました。また、第二次世界大戦では琉球弧の人々も日本兵として召集され、最前線に送られました。戦争末期の一九四四年に米軍は日本本土への空襲に先駆けて那覇への空襲を開始し、その九割を破壊します。翌一九四五（昭和二〇）年には五五万の米軍が沖縄本島に上陸して二〇万人が犠牲となりました。そのうちの一二万人は琉球の人々です。沖縄に侵攻した米軍に対する前線基地が置かれた奄美群島でも次々に空襲を受けて、敗戦を迎えました。

戦後の琉球弧の島々はアメリカの占領下となり、琉球の人々にとっての「アメリカ世」が始まります。そして一九五〇年に朝鮮戦争が始まると、アジアの前線基地として沖縄本島の駐留米軍が増強されたのです。アメリカは、沖縄県民は日本に同化を強要された異民族（琉球人）、すなわち日本人ではないとして、琉球政府を創設して実行支配下に置きます。一方、奄美群島は、日本本土の主権が回復した一九五二年の翌年に日本に戻されました。沖縄県の返還より早かった理由は米軍基地が少なかったことによります。その後の沖縄では米軍による乱暴な支配への反発が強まり、日本への復帰の気運が醸成されて、一九七二（昭和四七）年に日本の領土となりました。

自然遺産「奄美・琉球」の生物群

古代から人々が使ってきた島々の中で、運よく人々の利用が抑えられて、奄美大島、徳之島、沖縄島北部、西表島に残った自然が世界自然遺産地域に登録されました。

亜熱帯に位置することの他に、暖流の黒潮、季節風の影響が重なって、年間降水量の多い亜熱帯海洋性気候という温暖多湿な条件と、隆起石灰岩による地形的特徴の上にスダジイを中心とする常緑広葉樹林、雲霧林、マングローブなどの海岸性の植物群落が成立して、石灰岩質ならではの地下水系や鍾乳洞の多さも関係して、多様な生物群が生き残ってきました。この地の生物群は琉球弧の成り立ちと深く関係しており、大陸と地続きであった時代の生物が、陸地が切り離されていく過程で生き残り、外敵や競合種が減っていく過程で進化をとげて、固有種となって奇跡的に生き残りました。

植物については、大陸とつながっていた時代の植物相を引き継いでいるので、ここにしか存在しない固有種の割合は低いのですが、隔離された環境下で生き残った種や、今でも亜種として分化を続けている種もいます。ＩＵＣＮ（国際自然保護連合）のレッドリストには、リュウキュウシダ、トクノシマテンナンショウ、カンアオイの仲間など、二六種が記載されています。環境省のレッドリストには三六一種が記載されています。これらの種は人為的な攪乱と持ち込まれた外来植物との競合によって、今でも強い影響を受けています。

動物については固有種の割合が高く、現在でも種分化が進行中の種が多いことが特徴です。ＩＵＣＮ

のレッドリストには六九種、環境省のレッドリストには一八三種が記載されています。このうち哺乳類ではイリオモテヤマネコ、ケナガネズミ、アマミノクロウサギ、島ごとに種分化が進行中のトゲネズミ類の他にクビワオオコウモリ、小型コウモリ類などが生息しています。鳥類ではヤンバルクイナ、ノグチゲラ、ルリカケス、アマミヤマシギ、カンムリワシなどが、両生類ではイボイモリ、ハナサキガエル類、オットンガエル類、ナミエガエルなどが、爬虫類ではリュウキュウヤマガメ、セマルハコガメ、オビトカゲモドキ、サキシマカナヘビなど、昆虫類ではヤンバルテナガコガネ、マルバネクワガタ類、ヤエヤマハナダカトンボやアマミヤンマなどのトンボ類が、魚類ではリュウキュウアユ、ハヤセボウズハゼなど、甲殻類としてサワガニ類やテナガエビ類といった希少性の高い種が生息しています。こうした動物群は、肉食性や雑食性の外来動物が侵入すれば、ニッチが奪われ、捕食の影響を受けて、絶滅のスピードが加速すると心配されています。

遺産地域で確認される外来種

縄文の昔から人々の利用が続いてきた島なので、古くからいろいろな外来種が持ち込まれました。現在の琉球弧で確認されている外来の動植物は、脊椎動物が一五〇種以上、無脊椎動物が五〇〇種以上、植物が七〇〇種以上もいます。

琉球諸島を管轄する沖縄県では二〇一三（平成二五）年に「生物多様性おきなわ戦略」を、二〇一八年には「沖縄県外来種対策指針」を策定して、「沖縄県対策外来種リスト」を更新しています。さらに、二〇二〇年には「沖縄県外来種対策行動計画」を作成して対策を充実させてきました。奄美群島を管轄する鹿児島県でも二〇〇三年に「鹿児島県希少野生動植物の保護に関する条例」を制定して、希少な野生動植物の保護の取り組みを開始しています。二〇一四年には「生物多様性鹿児島県戦略」をつくり、二〇一九年には「指定外来動植物被害防止基本方針」を策定して、「鹿児島県外来種リスト」を更新しています。それらはウェブサイトで公開されています。両県の外来種の選定は、二〇一五年に環境省と農水省が作成した「生態系被害防止外来種リスト」の考え方を踏襲しつつ、自治体独自の呼称で区分して指定しています。

琉球諸島を抱える沖縄県では、「防除対策外来種（重点対策種、対策種）」、「定着予防外来種（重点予防種、予防種）」、「産業管理外来種」に区分して、全三七五種の外来種が記載されています。そこには国外から持ち込まれた種、日本国内から持ち込まれた種、沖縄県の中でも別の島から持ち込まれた種、家畜由来の種に細分されており、外来動物群として、哺乳類三七種、鳥類一八種、爬虫類二八種、両生類一六種、魚類五七種、甲殻類一七種、貝類二六種、昆虫類二七種、「その他の節足動物」としてハイイロゴケグモなど九種、「その他の動物」として貝類を食べるニューギニアヤリガタウズムシなど六種が記載されています。

一方、奄美群島を抱える鹿児島県では、「防除対策種（緊急防除種、重要防除種、一般防除種）」、「重点啓発種」、「定着予防種」、「産業管理種」、「その他外来種」に区分して、県全体として六六一種の外来種が記載されています。このうち奄美群島の動物群に絞れば、哺乳類一〇種、鳥類五種、爬虫類六種、両生類二種、魚類一一種、昆虫類三六種、「その他の節足動物」として五種、貝類一七種、「その他の無脊椎動物」として三種が記載されています。

マングース対策

マングースのことは、小倉剛さん、山田文雄さんによって、『日本の外来哺乳類』（二〇一一年）の中で紹介されています。ユーラシア大陸の南方、中国南部からインドを経てイランにかけて自然分布するマングース科の動物のうち、日本に持ち込まれたものはフイリマングースです。かつて、西インド諸島、ハワイ、フィジーなどにネズミ対策のために導入されて、在来種を捕食して影響を与えていることから「世界の侵略的外来種ワースト一〇〇」にリストされています。

フイリマングースは雑食性で、哺乳類、鳥類、爬虫類、昆虫類、果実まで広く食物として利用します。とくにハブやネズミだけを食べているわけではなく、希少動物も捕食して絶滅の危機に陥れます。そのため日本の外来生物法で「特定外来生物」に指定されているほか、国の「生態系被害防止外来種リスト」の「緊急対策外来種」にリストされています。さらに「日本の侵略的外来種ワースト一〇〇」にもリストされています。

日本への持ち込みの経緯ははっきりしており、一九一〇（明治四三）年にハブやネズミ対策のために一七頭がインドから沖縄本島南部に持ち込まれたことから始まっています。その後の持ち込みもあったかもしれませんが、一〇〇年を経て数万頭規模に増えました。現在では自然度の高い北部やんばる地域にまで侵入しており、固有種のケナガネズミ、ヤンバルクイナ、ホントウアカヒゲ、ハナサキガエル、オキナワキノボリトカゲといった希少動物を捕食して、この島の生物多様性に強い影響を与えています。

沖縄県では、一九八〇年代からマングースによる生態系への影響や農業被害が問題視され、被害対策としての駆除が行われてきました。二〇〇〇年には、やんばる地域の生態系への影響を問題視した沖縄県が、翌年には環境省が、やんばる地域に侵入したマングースの排除に向けて本格的な捕獲事業を開始しました。二〇〇五年に外来生物法が施行されてからは、環境省と沖縄県が「マングース防除実施計画」をつくり、緊急性の高い沖縄本島北部の「やんばる地域」からの排除を優先して、地形的に見て比較的バリア効果があると想定された塩屋湾と福地ダムを結ぶ通称SFラインを設定して、まずはここよりも北の地域からマングースを排除することを目指して捕獲事業を継続してきました。そして、やんばる地域への侵入を防止する柵の設置、探索犬の育成導入といった地道で継続的な努力の結果、二〇二二年現在、やんばる地域でのマングースの生息情報が明らかに減り始めています。また希少生物の生息情報も増加に転じています。ただし、沖縄本島の全体で見ればマングースを根絶できているわけではないので、手を抜けない長い闘いが続いています。

一方、奄美大島では、一九七九年に沖縄本島から三〇頭のフイリマングースが持ち込まれました。ハブやクマネズミの捕食を期待してのことだったのですが、アマミノクロウサギ、アマミトゲネズミ、アマミヤマシギ、アマミイシカワガエルといった希少動物を捕食しています。こちらでは一九九三年に鳥獣法（鳥獣の保護及び管理並びに狩猟の適正化に関する法律）の有害駆除枠での捕獲がスタートして、二〇〇〇年からは環境省が捕獲事業を開始しています。さらに外来生物法が施行された二〇〇五年には環境省が防除実施計画を策定して、完全排除を目標とする捕獲事業をスタートしました。

具体的には、奄美マングースバスターズという捕獲の専属チームを設置して、カゴワナ、筒ワナによる捕獲を継続し、二〇〇〇年に一万頭と推定されたマングースを、二〇一三年には三〇〇頭以下に減らしています。二〇一三年からは第二期防除実施計画にもとづいて捕獲を続け、二〇一六年段階で五〇頭以下に減らすことに成功しました。当然のことながら、個体数が減るほど捕獲効率は下がるので、マングース探索犬を使って確認する作業に移っています。二〇一八年以後は四年にわたって捕獲のない状態が続いており、二〇二一年度からは新たな五カ年計画として「根絶確認及び防除完了に向けた奄美大島におけるフイリマングース防除実施計画」を策定してきめ細かい生存確認が続けられ、二〇二四年には根絶宣言が出される予定です。

野外からの完全排除という目標はとても困難をともなう作業であるため、できるはずがないとの躊躇が事業の開始を遅らせます。その背中を押す意味で、奄美のマングース対策のような成功体験は重要な役割を果たしています。生息情報がつかみにくい外来種ほど先の見通しを立てにくいものです。行政的には予算を継続的に投入することはたいへんなことで、効果が見えない事業に税を投入することは正しい選択であるかと、つねに問われます。その意味では、マングースの完全排除という成功体験は、基本的な考え方がまちがいではないことを示す意味で高く評価されています。

ニホンイタチ対策

ニホンイタチは、本州、四国、九州、および周辺島嶼部に生息する日本の在来の哺乳類です。戦後に全国一斉に植林事業を進め、人工造林地を拡大したとき、苗木をかじるネズミやウサギの被害が増えたので、国策として天敵であるイタチやキツネを積極的に養殖して放しました。また農業被害を出すネズミ対策にもなるという理由で、北海道、伊豆諸島南部、南西諸島の多くの島にニホンイタチが導入されました。ところが、彼らはネズミだけを食べているわけでなく、小型哺乳類、鳥類、昆虫類、両生類、爬虫類、甲殻類、魚類と、広く小動物を捕食するので、希少な動物の生存を脅かすことになりました。日本の在来動物であるため、外来生物法の「特定外来生物」には指定されていませんが、国の「生態系被害防止外来種リスト」の「緊急対策外来種」になっています。また「日本の侵略的外来種ワースト一〇〇」にもリストされています。

沖縄県では、優先度の高い「重点対策種」として、二〇二一年に「ニホンイタチ防除計画」を作成して対策を開始しています。そこには、アメリカ占領下の一九五七（昭和三二）年から一九七一（昭和四六）年にかけて、二一の有人島に、およそ一万二〇〇〇頭のイタチが放されたと書かれています。現在、少なくとも一二の島でイタチの生存が確認されており、導入当初にはおもにネズミが捕食の対象だったものが、ネズミが減少すると他の動物に対する捕食圧が高まり、産卵にきたウミガメの卵まで捕食していることが確認されています。

今のところ遺産地域の沖縄本島と西表島ではイタチは確認されていませんが、絶滅に瀕した固有種のミヤコカナヘビが生息する宮古諸島にはイタチが生息しており、その捕食が確認されたことから、二〇二一（令和三）年に種の保存法にもとづく「保護増殖事業計画」が策定されて、沖縄県が主体となって、宮古島市とともにイタチの完全排除を目指した捕獲作業が開始されています。

奄美群島では、一九五〇年代から一九七〇年代にかけて、ネズミによるサトウキビの食害対策としてイタチが持ち込まれ、現在でも、喜界島、沖永良部島、与論島の三島に定着しており、希少動物の捕食が懸念されています。今のところ遺産地域に指定された奄美大島、徳之島への定着は確認されていませんが、鹿児島県では「防除対策種（緊急防除種）」として、緊急に防除が必要な対象種に位置づけています。

ニホンイノシシ対策

琉球諸島の沖縄本島、石垣島、西表島、奄美群島の奄美大島、加計呂麻島、請島、与路島、徳之島には、もともとイノシシの固有亜種にあたるリュウキュウイノシシが生息しています。そこにニホンイノシシが持ち込まれた経緯があり、イノブタも含めた一部が野生化して外来動物問題を起こしています。この場合、リュウキュウイノシシとイノブタやニホンイノシシとの交雑、両種間のニッチの競合、希少動物の捕食、その生活系の阻害、豚熱などの感染症が問題となります。また農業被害も深刻さを増しています。ニホンイノシシは国内由来外来種なので外来生物法の「特定外来生物」には指定されていませんが、国の「生態系被害防止外来種リスト」の「重点対策外来種」とされています。

沖縄県では、慶良間諸島の渡嘉敷島に持ち込まれたものが周辺離島に泳ぎ渡り、問題を起こしています。糞や胃内容物の分析から、トカシキオオサワガニ、ケラマサワガニといった希少なサワガニ類の捕食が確認され、ウミガメの卵の捕食も確認されています。そのため「沖縄県対策外来種リスト」の「重点対策外来種」として、鳥獣法にもとづく「第二種特定鳥獣管理計画」によって、慶良間諸島の全域からの根絶排除を目指して捕獲を強化しています。

鹿児島県でも奄美群島の沖永良部島でニホンイノシシが確認されており、周辺離島への侵入が懸念されることから、県指定の「防除対策種（重要防除種）」としています。県は九州本土部のニホンイノシシと奄美群島のリュウキュウイノシシを対象に、鳥獣法にもとづく「第二種特定鳥獣（イノシシ）管理計画」を策定していますが、沖永良部島に持ち込まれたニホンイノシシは計画の対象外として、二〇〇七（平成一九）年に制定された農水省所管の鳥獣被害防止特措法（鳥獣による農林水産業等に係る被害の防止のための特別措置に関する法律）の鳥獣被害防止計画にもとづき有害捕獲が実施されています。沖永良部島には固有種のリュウキュウイノシシが生息していないこと、隣接する島に泳ぎ渡るには距離があり、人為でない限り分散できないことから、緊急性は低いと判断されているのでしょう。

ノヤギ対策

琉球弧の島々では一五世紀以後に東南アジアからヤギが持ち込まれて、その飼育が定着しました。伝統料理も生まれています。第二次世界大戦中には日本の本土部でも飼育が広がりましたが、都市型の生活様式が広がる中で個人が飼育する習慣は途絶えました。

飼育が放棄されて野生化するとノヤギとなり、外来種として扱われます。世界各地の島嶼部で野生化したノヤギは、増殖して植生に強い食圧や踏圧をかけ、生物多様性の全体に影響を与えることから、「世界の侵略的外来種ワースト一〇〇」、「日本の侵略的外来種ワースト一〇〇」にリストされています。日本では、自治体の条例で飼育ヤギの放し飼いを禁止し、登録制にしているところもあります。国は「生態系被害防止外来種リスト」の中で、対策の緊急性が高く、積極的に防除を行う必要があるものとして「緊急対策外来種」としています。

現在の沖縄諸島では、伊平屋島、屋那覇島、粟国島、慶良間島、八重山諸島の西表島、尖閣諸島の魚釣島にノヤギが生息しています。沖縄県は、「防除対策外来種（対策種）」としていますが、数多い外来種問題の中では、現在のところ緊急性の低い監視段階として、被害の状況に応じて鳥獣法の有害捕獲（駆除）で対応しているところです。

鹿児島県の奄美群島では、奄美大島、加計呂麻島、請島、与路島に、飼育放棄されたノヤギが生息しており、なかでも奄美大島では希少植物の採食、植生への食圧の影響、それによる土壌崩壊まで確認されていることから、関係市町村では「ヤギの放し飼い防止等による条例」をつくって駆除で対処しています。また、二〇一〇年には「ノヤギ特区」を設けて、猟期の狩猟対象にして捕獲を強化しています。とはいえ二〇二一年の県の調査によってノヤギが増加傾向にあることが確認されていますから、早々に対処するほうがコストは抑えられます。

ネコ対策

外来動物としてのネコの問題は、長嶺隆さんが『日本の外来哺乳類』（二〇一一年）の中でくわしく紹介されています。小笠原諸島と同じく、琉球諸島、奄美群島でもネコは捕食者として希少動物の脅威となっています。たとえば沖縄県では、最重要のやんばる地域でヤンバルクイナなどの希少動物の捕食が確認されており、「沖縄県外来種対策指針」にもとづく「沖縄県対策外来種リスト」の中で「重点対策種」とされています。そして、二〇二〇（令和二）年には「ノネコ防除計画」を策定して防除にあたっています。この計画では、ネコによる生態系への影響の排除もしくは低減を目指して、重要地域であるやんばる地域からの完全排除を目標にしています。居住者の多い沖縄本島ではネコの飼育者も多く、飼育ネコを遺棄するケースもあります。そのため、完全室内飼育や不妊・去勢手術などの適正飼養に関する普及啓発を強化して、ノネコ（野生化ネコ）の発生源の抑制に努めています。とくにやんばる地域の三村（国頭村、大宜味村、東村）では、先行して飼いネコの登録やマイクロチップの装着、繁殖制限、みだりな餌やりの禁止などを条例で定めています。

一方、西表島には固有種のイリオモテヤマネコが生息しています。一九七七年に「国指定特別天然記念物」に指定され、一九九四年には種の保存法の「国内希少野生動植物種」にも指定されて、保護の努力が続けられてきました。ところが、人間によるさまざまな影響によって絶滅の危険性は高いままで、二〇〇七年には環境省レッドリストの絶滅危惧ＩＢ類から、より危険度の高いＩＡ類に移されています。その理由は、人間による環境の改変、交通事故死、あるいは毒を持つオオヒキガエルの持ち込みといった外来種問題もあるのですが、もっとも緊急性の高い問題は、飼育ネコを介して免疫機能を低下させるネコエイズ（ＦＩＶ：猫後天性免疫不全症候群）の感染の可能性が発生したことによります。

きっかけは一九九六年のことでした。長崎県の対馬にしか生息せず、「特別天然記念物」に指定されているツシマヤマネコにネコエイズの感染が確認されたことによります。西表島でもすぐに対策が始まりました。すると島内の飼育ネコに感染が確認されたことから、急遽、イエネコへのワクチンの接種、不妊・去勢手術の実施、マイクロチップの装着、ノラネコの捕獲・譲渡などを徹底して、イリオモテヤマネコへの感染リスクを抑制する努力が続いています。

鹿児島県ではネコを防除対策種（重要防除種）としています。二〇〇〇年に始まったマングース対策で、モニタリング用の自動撮影カメラにネコが数多く撮影されたばかりか、アマミノクロウサギやケナガネズミなどの希少動物を捕食する実態も確認されたために、環境省が主体となって、緊急性の高い遺産地域を優先して、奄美大島、徳之島からのノネコ排除を目的とした事業が始まっています。まずはモニタリング調査が開始されて、二〇一五年から捕獲が開始されました。とくに深刻な奄美大島では、二〇一八年に環境省、鹿児島県、関係市町村による「ノネコ管理計画」が策定され、鹿児島県獣医師会やNGOの協力を得て、ノネコの捕獲と里親探し、さらには供給源としてのノラネコやイエネコの管理強化、住民への普及啓発、マイクロチップの装着、不妊・去勢手術の促進などの取り組みが続けられています。

ノイヌ対策

沖縄県のやんばる地域では、ネコと同様にノイヌの目撃数も増加して、ヤンバルクイナやケナガネズミの捕食も確認されたことから、ノイヌによる生態系への影響が問題視されています。イヌは法律によって放し飼いが禁止されていますが、飼いイヌや猟犬の遺棄、逃走によって野生化したものがノイヌとなります。ノイヌは鳥獣法の狩猟獣となっています。また、国の「生態系被害防止外来種リスト」では「重点対策外来種」とされています。

沖縄県は「沖縄県外来種対策指針」にもとづく「沖縄県対策外来種リスト」で「重点対策種」として、二〇二〇（令和二）年には「ノイヌ防除計画」を策定して、やんばる地域からの完全排除を目指した防除が開始されています。また、やんばる地域の三村（国頭村、大宜味村、東村）では、飼いイヌの登録や繋留（けいりゅう）を条例で定めていますが、やんばる地域外から持ち込まれて遺棄されることもあるので、県では沖縄本島の全域で、繋留・囲い飼いの徹底、不妊・去勢手術など、適正飼養に関する普及啓発を実施して、ノイヌ発生の抑制に努めています。

鹿児島県にある遺産地域の奄美大島や徳之島でも、ノイヌによるアマミノクロウサギなどの捕食が確認されて問題となっており、「防除対策種（重要防除種）」としてネコと同様に捕獲が進められています。

外来種対策強化の背景

「奄美・琉球」を自然遺産の候補地にする議論が始まったのは二〇〇三年のことでした。同時に議題にあがった「知床」が二〇〇五年に、「小笠原諸島」が二〇一一年に登録されたのと比べれば大幅に遅れをとり、対象地域を縮小して「奄美大島、徳之島、沖縄島北部及び西表島」としてなんとか登録が完了したのは二〇二一年のことでした。出遅れた理由は、自然の価値が理解されたにもかかわらず、人間の利用の制限や自然保護の実行面が脆弱であったことによります。

たとえば沖縄本島北部に広がるやんばるの森は、ヤンバルクイナをはじめとする貴重な生物の宝庫であるにもかかわらず、その多くが米軍の訓練場となっており、米軍の存在があったからこそ生き残ってきたという皮肉な側面はあるものの、登録のためには返還が不可欠となったのです。そのため米軍との交渉を経て二〇一六年に約半分の土地の返還手続きが進み、「やんばる国立公園（二〇一六年）」、「やんばる森林生態系保護地域（二〇一七年）」に指定して保護の積極性がアピールされました。

それでも、訓練場との関連で候補地が飛び地状態であることは保護の完全性があるとはいえないとか、開発によってもたらされる外来種の侵入への厳格な対応が必要となるといった理由で、二〇一八年にI

UCNから登録延期の勧告を受けてしまいます。こうして登録作業は断念しかけるのですが、さらなる調整努力によって米軍の訓練場を遺産地域の緩衝帯として位置づけ、両国で問題に対処することを前提にして、なんとか登録にこぎつけました。

こうした経緯を知れば、自然遺産としての価値を保障していくことは、まだまだ道半ばであることがわかります。それでも具体的に実績をあげているマングースやノネコなどの外来種対策が一定の評価を受けて、遺産地域事務局からは対象を広げて対処するよう求められ、その後の外来種対策の強化につながっています。現在では、質の高い自然、生物多様性を存続させること、そのために有効な観光産業のあり方について、住民参加を前提に、環境保全と社会経済の両面から具体的な議論が進み、世界水準の自然環境保全の姿を追求する場となっています。このように世界自然遺産への登録が積極的に推し進められてきた背景には、二つの強い意思がうかがえます。

一つは琉球諸島においても、奄美群島においても、自然の希少性や重要さを理解する専門家、NGO、関係行政担当者が、登録による保護の強化を求め続けたことにあります。科学的情報の蓄積が比較的充実しており、自然保護の法制度の適用を含めて、現場における問題解決の方法が具体的に模索されました。もう一つは、人口減少で経済が冷え込んだ平成年間にあって、島嶼経済を盛り上げるために観光産業を活性化させたい意思が地元の政財界に働いたことによります。このことは一九九三年に日本で初めて世界自然遺産地域に登録された屋久島で観光客が急増した前例に刺激されてのことでした。

自然資源としての価値を高めていけば、観光資源としての価値も維持され、国の内外から訪れる観光客がもたらす対価を一つの恩恵（生態系サービス）として享受することができる。そんな認識が地域全体で共有される時代に入っています。昭和時代なら経済性を重視する開発側と自然保護側は敵対的になりがちでしたが、世界自然遺産に登録するにあたっての条件の厳しさを前に、たがいに両輪として働かなければゴールにたどりつけないとの理解が功を奏したのでしょう。

3　普通の島

普通の島の常識

生物多様性条約に日本が加盟した一九九〇年代初めのころは、外来種の問題など限られた人たちにしか知られていませんでした。二〇〇四年に外来生物法が公布されて、ようやく社会は防除の方向で動き出します。それでも世間的にはまだまだ知られておらず、対策の積極性にはむらがあります。

自然遺産の「小笠原諸島」や「奄美・琉球」に限らず、日本列島には有人島が四一六、無人島が六四三二もあります。それぞれの島と人間の歴史的な関わりを通して、外来種が持ち込まれた出来事など数えきれないでしょう。孤島の厳しい自然を生き抜くために都合のよい動植物を持ち込むという選択は、その時代の斬新なアイデアだったに違いありません。日本の隅々まで家電製品が持ち込まれたのはほんの半世紀ほど前のこと、スマホ片手の生活など二〇年も経っていません。それ以前の千年を超える時間を島に生きた人々の命がけの苦労を思えば、外来種を持ち込んだ過去を批難できるはずもありません。

先人たちが荒海を越えて苦労の末に連れてきた外来種ほど、よほどの害でもなければ地元住民が排除の理由を見つけるのはむずかしいことです。すでに島中に広がった外来種を根絶したいなんて話は聞いてすらもらえないでしょう。そんな金があるなら他のインフラ整備にまわしてくれといわれてしまいます。労力も予算も、時間さえかかるめんどうな対策をあえて開始するには、よほど説得力ある理由が必要です。

苦労の末に世界自然遺産地域へと登録されれば十分な説得力を持ちますが、そうでない普通の島となると、その地に暮らす住民の安心・安全に支障が出るような、たとえば農林業や水産業に害がおよぶとか、公共の環境が壊されるとか、感染症のような保健衛生上の問題が発生するようなことでもなければ、積極的な外来種排除にはつながりません。かりに排除が始まったとしても、その取り組みはあくまで身のまわりの特定の場所からの排除であって、根絶させるほどの努力が続くものではありません。生態系の害などという概念は古くからの住民にはまるで理解されないでしょう。

それでも生物多様性保全の観点からどうしても外来種を根絶しなくてはならないとしたら、必要な心構えはまったく異なります。なにより外来種が希少生物を絶滅に追い込んでいるとか、生物多様性に負の影響をおよぼしているといった事実が明確でなければ、積極的な排除の声はあがりません。対策が始まるのは専門家やNGOによる長年の情報が蓄積されている場合に限られます。島の生物多様性が価値あるものだとする科学的根拠、加えて外来種が負の影響を与えている事実を示すデータが必要です。今どきのいい方をすれば「エビデンスを示せ」ということですが、それがなければ税を投入するような公的な対策が動き出すことはありません。

この節では、ごく普通の島の、現実的な判断にもとづいて進められている外来哺乳類対策について紹介します。ただし、そんな事例は限られています。まずは東京都の伊豆諸島で取り組まれている外来哺乳類対策を紹介しつつ、関連して他地域の事例を紹介します。伊豆諸島で外来種対策が進んだことは長年にわたる専門家やNGOの調査の賜物であり、行政と連携して努力してきたことによります。東京都はもっとも予算規模の大きな自治体ですから、小笠原諸島も含めて、外来種対策に積極的に取り組む余力があることは、他の自治体との大きな違いです。

伊豆諸島の自然

伊豆諸島とは、伊豆大島から南に六四〇キロメートル離れた孀婦岩（そうふいわ）まで、南に直線的に並ぶ一〇〇ほどの島や岩礁を指します。これらはフィリピン海プレートが太平洋プレートの下に沈み込む境界に沿っており、一〇〇万年ほど前から続く噴火によってできたいくつもの海底火山の頭が海上に出たものです。そして、かつて丹沢山地や伊豆半島が本州にぶつかったように、伊豆諸島は今でも少しずつ本州に向かって移動しています。陸地とつながったことのない海洋島ですから、固有の生物を含む島独自の生態系が成立してきました。そこに人間が入り込んで、長い利用の歴史とともに現在の生態系が成立しています。

これらの島には縄文や弥生時代の遺跡が複数確認されており、一万年以上も前から人間が利用してきたことがわかっています。相模湾の岸に立てば大島は目の前ですから、渡ってみたい衝動にかられるのはごく自然なことです。大島に渡ればさらに南に向かって島が見えていますから、海を渡って日本列島にやってきた古代人にしてみれば、伊豆諸島に渡ることなどたいしたことではなかったかもしれません。

伊豆諸島で採れるオオツタノハという貝でつくられた装飾品や、神津島産の黒曜石でつくられた石器が、関東を中心に本土各地の遺跡で発見されていますから、人間の往来が古代から活発であったことはまちがいありません。その後の時代に島に住みついた人々によって織物などの産業が起きますが、火山噴火、嵐、飢饉といった過酷な条件のせいで何度も絶えています。そんな環境から罪人の流刑地として利用された歴史もあります。

現在の有人島は、伊豆大島、利島、新島、式根島、神津島、三宅島、御蔵島、八丈島、青ヶ島の九島で、八丈島より北は富士箱根伊豆国立公園に含まれ、重要な自然は特別保護地区や特別地域といった地域指定によって保護されています。人間が何度も入り込んだとはいえ、海洋島ゆえの独自の進化をとげた固有種が生き残っています。伊豆諸島自然史研究会などの研究グループによって、島嶼生態学という観点で半世紀以上も研究が続けられ、早くから外来種の影響についても認識され、議論されてきました。

伊豆諸島に生存する動植物のうち希少性の高い種は、東京都のレッドリストに整理されています。その動物の項には、哺乳類ではキクガシラコウモリ、コキクガシラコウモリ、ユビナガコウモリの三種、アカネズミから亜種分化したミヤケアカネズミ（三宅島）、オオシマアカネズミ（大島、新島）がリストされています。鳥類では情報不足を含めて四一種がリストされており、日本にしかいない固有種として国の「天然記念物」に指定されているアカコッコ、イイジマムシクイ、固有亜種のモスケミソサザイ、タネコマドリ、さらには本土部に生息するヤマガラが島ごとに異なる亜種へと分化した、ナミエヤマガラ（新島、神津島）、オーストンヤマガラ（三宅島、御蔵島、八丈島）が生息しています。その他にも海鳥の繁殖地として重要な位置にあります。

海洋島であるこの地に在来の両生類はいませんが、爬虫類では本土の伊豆半島と伊豆諸島に生息するオカダトカゲのほか、ヘビ類五種、ウミガメ類四種が、都のレッドリストに記載されています。その他にも希少性の高い昆虫類が一〇九種も確認されています。そんな島の生態系にさまざまな外来種が持ち込まれました。日本の在来種であっても、自然分布しない場所に人間の関与によって持ち込まれたものは国内由来の外来種とされますが、両生類のヒキガエルが持ち込まれた島では在来の昆虫類が減っています。また、外来甲殻類のアメリカザリガニや外来魚類のブルーギルが持ち込まれた島では水生昆虫が減っています。

伊豆大島の外来哺乳類対策

伊豆諸島のうち本土にもっとも近くもっとも大きい大島（約九一平方キロメートル）では、外来哺乳類のキョン、タイワンザル、クリハラリス（俗称タイワンリス）の三種が問題となっています。いずれも満州事変が始まったころの一九三五（昭和一〇）年に、自然動物公園として開園された大島公園から逃げた個体に由来します。

三種とも外来生物法の「特定外来生物」に指定され、国の「生態系被害防止外来種リスト」の「緊急対策外来種」とされています。しかし、東京都環境局自然環境部によって外来生物法の防除実施計画を作成して対策が進められているのはキョンだけで、他の二種は産業労働局農林水産部の鳥獣被害防止特措法の一環で対処されています。

キョンは、本来、中国東南部や台湾に分布している成獣の体重が一〇キログラムほどしかない小さなシカの仲間です。希少植物を含む植物群落を食べて生態系に影響を与え、農産物にも被害を出します。都立大島公園で飼育されていたキョンが一九七〇（昭和四五）年の台風で柵が壊れたときに逃げ出して、大島の全体に分布を広げました。東京都は外来生物法誕生直後の二〇〇六（平成一八）年に「キョン防除実施計画」をつくり、密度などの生息状況の把握と捕獲方法の検討を進め、一〇年かけて合意形成をしたうえで、二〇一六年から本格的な緊急対策事業を開始しています。第三期計画期間に入った現在では、複雑な地形の島内をきめ細かく柵で区分して、区画ごとに排除していく戦略が粛々と進められています。

一方、大島公園の開園初期のころにタイワンリス三〇頭が、数年後にタイワンザル二〇頭が逃げて、両種ともゆっくりと増加して大島全体に分布を広げ、慢性的な農業被害や主要産業の椿油を採るツバキへの食害が続いており、島民の要請によって駆除が続いています。防除実施計画はつくられていませんが、東京都産業労働局が二〇一六（平成二八）年に作成した「東京都農林業獣害対策基本方針」では、地域からの根絶排除が目標とされています。二〇二一（令和三）年につくられた「第五次東京都農林業獣害対策基本計画」では、専門家を含む検討委員会を設置して、モニタリングの実施、捕獲を主とする計画的な対策の実施をすると書かれています。このことは鳥獣法で積み上げられた鳥獣害対策の基本的な考え方に沿っています。

八丈島のノヤギ対策

伊豆諸島の八丈島（約六九平方キロメートル）と隣接する八丈小島（約三平方キロメートル）は、

「富士箱根伊豆国立公園」に指定されて、広く特別保護地区や特別地域に指定されています。とくに八丈小島は一九六九（昭和四四）年に人々が撤退して無人島となったことで希少な自然が残り、クロアシアホウドリなどの海鳥が飛来する場所となっています。

八丈島には昔からヤギが飼われており、放し飼いや、放置されて野生化したノヤギが増えて、農業被害、植生への踏圧や食圧、それにともなう土砂流出が起きて、陸の生態系ばかりか漁場にまで影響して問題となりました。ノヤギは「特定外来生物」には指定されていませんが、高密度になると島嶼部の生態系に強い影響をおよぼすことから、国の「生態系被害防止外来種リスト」の「緊急対策外来種」とされています。

きっかけは人々が離島した八丈小島に置き去りにされたノヤギが繁殖を続けて高密度になり、植生に強い食圧が加わって土壌流出を引き起こすようになったことです。このことを問題視した研究者らの指摘によって、東京都と八丈町が二〇〇一年から二〇〇七年にかけて一〇〇〇頭以上のノヤギの駆除を進めた結果、今では動植物が回復しています。

続く二〇〇八年からは本島の八丈島で、都産業労働局の農業被害対策としてノヤギの駆除が始まりました。資料によれば二〇〇八年五月に「八丈町ノヤギ対策協議会」が設置され、ノヤギ駆除の先行地である小笠原村を視察したうえで、農作物被害調査とノヤギ生息状況調査を行って捕獲技術を試行した末に、島内をブロックに区切って柵で囲み、ワナや銃による捕獲を継続しました。その一方で、飼育下のヤギの野生化を防ぐために「八丈町飼養ヤギの野生化防止条例」をつくり、ヤギへのタグ装着と管理下での飼育を義務づけました。こうして、しだいにノヤギの目撃や痕跡などの情報が減っていき、最終段階で探索犬による根絶確認調査を続けた結果、二〇二〇年三月（令和元年度末）に八丈小島も含めたノヤギ根絶達成の終息宣言が出されました。

こうした外来種排除の成功事例はとても重要で、その経過の詳細な記録が、新たな場所での外来種排除を成功に導く鍵となります。どれほどの労力や予算が必要となるかといった情報に加え、技術的に失敗した体験でさえ次に活かす貴重な情報源となります。

新島のシカ対策

伊豆諸島の新島は面積約二八平方キロメートルの小さな島です。式根島をはじめ周囲に隣接する小島を含めて新島村の管轄となっています。なかでも地内島（約〇・二平方キロメートル）は「富士箱根伊豆国立公園」の特別保護地区に指定されていますが、戦前戦後の一九三〇年代から一九六〇年代末にかけて観光目的でヤギ、ウサギ、サルといった飼育動物が次々と持ち込まれました。現在、それらの種は絶えていますが、一九六九（昭和四四）年に大島公園から持ち込まれたシカが増えてしまい、一九七〇年代になると一・五キロメートルほど離れた新島へと海を泳ぎ渡るシカが次々と目撃されるようになって、新島の集団が数百頭規模に増えてしまいました。彼らは国内由来の外来種ということになります。

東京都と新島村は、一九八一年から地内島のシカの駆除を開始して、一九八六年に根絶に成功しますが、新島のシカは増加を続けています。二〇〇八年に実施された専門機関の調査では、年四〇〇頭の捕獲を継続しなければ根絶できないと予測されています。ところが二〇一〇年以後は年三〇〇頭前後の駆除にとどまったまま、減りもせず、根絶もできない状況が続いています。

どんな相手にも共通しますが、野生動物は密度が下がるほど捕獲がむずかしくなります。そのため捕獲努力量を高めていかなくてはなりません。一〇年、二〇年と捕獲事業が続けば狩猟者の高齢化と減少が進みます。おまけに根絶に向けた熱意も減退していきますから、ただ漫然と習慣化した捕獲行為を続けるだけになりがちです。新島のシカ対策でもそんな状況が想像されます。こうした事態を避けるには周到な計画と準備が欠かせません。

あらかじめその地の生息環境と対象動物の生息状況に関する情報を十分に収集したうえで、その地なりの捕獲技術を工夫して、事業開始後の早い段階で高い捕獲実績をあげ、密度の低下とともに捕獲努力量を増やし、さらには捕獲方法を修正して根絶に持ち込みます。数頭でも残れば再び増えてしまうので、それまでの税の投入をむだにしないためにも、最後までモニタリングを継続して、ぬかりなく捕獲と確認を進めていきます。

島のシカに関しては他県の事例もあります。新潟県の沖合三五キロメートルにある粟島（約一〇平方キロメートル）に二〇〇二年にペットとして持ち込まれた三頭のシカが野生化して、二〇二〇年ごろには数百頭に増えました。新潟県の本土部のシカは明治時代に分布が消えていたのですが、二〇〇〇年以後に再び出没し始めて問題となり、二〇一七年に鳥獣法にもとづく「新潟県ニホンジカ管理計画」が策定されました。このとき国内由来の外来種である粟島のシカも対象になったのです。さらに粟島浦村独自の条例で「指定外来種」として持ち込みを制限し、農林水産省所管の鳥獣被害防止特措法にもとづく「鳥獣被害対策実施隊」制度を活用して体制を整え、捕獲を強化しています。

このように、外来種対策は必ずしも外来生物法を管轄する部署が行っているわけではありません。地域の事情に合わせて、既存の法制度をいろいろ組み合わせて活用しています。その時点の社会情勢の中で、対策に使えそうな予算の出所を選択して進められているということです。哺乳類以外の動植物も含めて外来種の問題はあふれていますから、これは現実的な選択です。

伊豆諸島のイタチ対策

肉食性の強いイタチ科の動物は、甲殻類、昆虫類、魚類、両生類、爬虫類、鳥類、哺乳類と、ほぼすべての小動物を捕食するので、意図的に持ち込まれれば深刻な事態が生じます。

ニホンイタチは、本州、四国、九州と、いくつかの周辺の島では在来の肉食動物ですが、おもにネズミによる農林被害対策のために国主導でさかんに養殖が行われて、意図的に各地に放獣された歴史を持ちます。その結果、ニホンイタチが持ち込まれた北海道、利尻島、礼文島、さらには伊豆諸島、五島列島、琉球弧のいくつかの島で、ネズミ以外の動物にもニホンイタチの捕食圧がかかり、国内由来の外来種として問題視されています。現在は「日本の侵略的外来種ワースト一〇〇」にリストされ、国の「生態系被害外来種リスト」では国内由来の「緊急対策外来種」となっています。

伊豆諸島では御蔵島観光協会によって『Mikurensis――みくらしまの科学』という論文集が発行されており、調査研究情報のプラットホームとしてウェブサイトで公開されて、伊豆諸島の自然環境保全の重要な役割を果たしています。その二〇一七年版に東邦大学の長谷川雅美さんによる『伊豆諸島におけるイタチ導入――歴史と事実と教訓』というレポートを見つけました。

もともと在来で生息していた大島以外の島で意図的にイタチが放されたのは、三宅島、青ヶ島、利島、八丈島の四島で、初めに利島にイタチが放されたのが一九三五（昭和一〇）年ごろ、八丈島には一九六〇年前後でした。島民のネズミに対する危機意識が強く、当時は外来種を放すことは問題視されていませんでした。そして一九七六～一九七七（昭和五一～五二）年に三宅島でオスのみ二〇頭が放されたとき、島の生物を調査していた研究者から異論が出て、一九七八年から一九八〇年にかけてイタチが鳥類におよぼす影響についての調査が行われた結果、アカコッコやオオミズナギドリなどの鳥類全般、さらにはオカダトカゲなどの希少種にも影響が出ていることが確認されたのです。

これを受けて東京都としてはイタチの放獣を行わないことにしたのですが、先に放したイタチはオスだけだったはずが、島内で急増してしまいます。最初の放獣時にメスが混じっていたとか、非公式にイタチの放獣が行われていた可能性が指摘されていますが、すでに三宅島のコジュケイ、アカコッコ、オカダトカゲが激減してしまいました。そんなこともあって、同じようにイタチが導入された青ヶ島でも、現在、鳥類などの動物相への影響が心配されているところです。

佐渡島の希少種ノウサギと国内由来外来種テン

新潟県の沖に浮かぶ面積の大きい佐渡島（八五五平方キロメートル）では、一九六〇年ごろに苗木に食害を出すウサギを減らすために、この時代らしくキツネとイタチ科のテンが天敵として持ち込まれました。山田文雄さんが二〇一七年に著した『ウサギ学』によれば、七頭のキツネ（一九五九年二頭、一九六〇年二頭、一九六二年三頭）と、五三頭のテン（一九五九年七頭、一九六〇年一七頭、一九六一年一七頭、一九六二年一二頭）が放されたそうです。そしてキツネは定着しなかったのですが、テンはしぶとく生き残り、今では全島に生息しています。

問題の筆頭は、林業の害獣として減らそうとしていた佐渡島のノウサギが、じつは希少動物だったことにあります。遺伝子から判断する現在の分類学では、日本のノウサギはニホンノウサギという日本にしかいない固有種であることが確認されています。そのうち佐渡島のノウサギはサドノウサギという固有亜種に分類されて、環境省のレッドリストで準絶滅危惧（NT）にリストされています。その希少種がかつて持ち込まれた外来種のテンによって存続の危機にあります。それだけではありません。テンの糞分析の結果から、島に特有の昆虫類、両生類、爬虫類、土壌動物などが食べられていることまで確認されたことから、導入から半世紀を経てテンは佐渡島の生物多様性に確実に影響を与えていることがわかってきました。

佐渡島のテンが注目されたのは二〇一〇年のことでした。トキの増殖施設としてつくられたトキ保護センター野生復帰ステーション内にテンが侵入して、トキ九羽が襲われた事件によります。さらに野生復帰を果たそうとしているトキの営巣木にテンが登り、トキの雛を襲っていることまで確認されました。そして現在、テンは国の「生態系被害外来種リスト」の中で国内由来の「重点対策外来種」となっています。

こうした事態に対して、環境省は島の外来種であるテンの排除に手をつけようとはしていません。取り組んでいるのは、トキの増殖施設内への侵入防止と、営巣木にテンが登るのを阻止するためにガードを巻きつけることくらいです。外来生物法では国内由来の外来種は「特定外来生物」の対象にはしていないので、あくまでトキの人工増殖に関連した事業の範囲内で、害獣を排除することしか国にはできないと判断されているのでしょう。さらに希少種サドノウサギの生存を担保して、佐渡島の生物多様性を保全していくのは自治体の仕事であると切り分けているのでしょう。

自治体の立場に立てば、外来種テンの排除は躊躇するに違いありません。導入から半世紀を経て生態系の一員となったテンを排除すれば、佐渡島の生態系にどんな影響が出るか予想がつきません。ノウサギやネズミが増えて農林業への被害が増加することが住民の一番の気がかりです。そんな予想を前に役場がテンの駆除に乗り出すはずもないのです。そうまでして自治体が予算と労力を投入する合法的な理由を見出さない限り、この島にしか生息しない固有亜種サドノウサギの生存の危機は続きます。ここにも外来種対策の論点が隠れています。

もしも希少種サドノウサギを保護しなくてはならないのなら、あくまで生物多様性保全の観点で科学的な位置づけを示したうえで、保護のために必要なコスト（労力、費用、時間）を示して、自治体や地域住民の理解を得ていかなければ、サドノウサギの天敵であるテンの排除は進みません。

石川県七ツ島大島のカイウサギ対策

ウサギの話題になったので、続けて外来種としてのウサギの話をします。昭和時代には餌付けのしやすい動物を観光目的で持ち込むことが各地でさかんになりました。なかでもウサギは、餌をやったり、触れたり、抱っこのできるかわいい動物として現在でも人気は衰えません。こうして持ち込まれたウサギは日本在来のノウサギではなくて、もとはヨーロッパに起源を持つヨーロッパアナウサギという種です。紀元前一〇世紀ごろに食用として家畜化され、一六世紀には毛色の違うたくさんの品種がつくられました。現在の日本でカイウサギとかイエウサギと称されている種はすべてこれが起源です。ヤギやブタと同様に食料として航海に連れていき、世界各地の島に放されました。多産系のカイウサギは定着に成功すれば個体数が増えます。生息密度が高まればすべての個体が植物を食べるので、裸地化が進んで土壌流出につながります。穴を掘るのでミズナギドリなどの海鳥の営巣地を壊します。こうしたことから「世界の侵略的外来種ワースト一〇〇」、「日本の侵略的外来種ワースト一〇〇」にリストされています。また「生態系被害防止外来種リスト」の「重点対策外来種」とされています。ただし、外来生物法の「特定外来生物」にはなっていません。

山田さんの『ウサギ学』によれば、日本でカイウサギの野生化が確認されているのは、本土部で六地域、島嶼部では北海道から沖縄県までの二四地域、合わせて三〇地域とのことです。もとは毛皮や食用のための養殖目的で持ち込まれたものがほとんどで、その他に学校で飼育していたものが逃げたり、放されたり、個人的に持ち込まれたりしたものもありました。これらの多くはすでに消滅して、二〇一六年時点で確かに生存が確認されているのは一二地域とのことです。

たとえば伊豆大島には椿花ガーデンという観光施設があって、管理された飼育下でカイウサギが飼育されています。新島の外来シカ問題の起源となった地内島にも数十頭のカイウサギがいます。また、沖縄本島の北にある無人島の屋那覇島には、一九七〇年代に食用で持ち込まれたカイウサギがいます。八重山諸島の嘉弥真島という観光会社が所有する島では、観光客相手に放し飼いにされて繁殖しています。

積極的にカイウサギの排除が実施された事例は、石川県の輪島市七ツ島の大島に見られます。ここはオオミズナギドリの営巣地であることから、一九七三年に国指定鳥獣保護区に指定されました。この無人島に一九八四年に雌雄二頭ずつ四頭のカイウサギが持ち込まれ、一九九〇年ごろには三〇〇頭規模に増えて、植生を破壊して土壌流出が発生しました。オオミズナギドリの営巣地にも影響が出たために、一九九〇年から環境省と石川県によって年一回のペースで駆除が始まりました。それでも裸地化が止まらないために、二〇一四年からは海鳥の生息環境の保全と植生回復を目的とした「国指定七ツ島鳥獣保護区保全事業」を開始して、カイウサギの駆除と植生復元、あわせてドブネズミの駆除を行って、最終的には二〇一九（令和元）年にカイウサギの根絶に成功しています。

この地で積極的なカイウサギ駆除が実施された理由の一つはナチュラリストや研究者らの情報がベースにあったこと、それにもとづいて国指定鳥獣保護区に指定されていたことがあげられます。これらがカイウサギ駆除事業の根拠となりました。それにしても、国指定鳥獣保護区であるにもかかわらずカイウサギが放されたということに、外来種などまるで頓着しなかったバブル時代の空気を感じます。

外来種としてのネズミ

保健衛生上の害、農林水産業の害など、人間にとってやっかいな問題をもたらす一番の小型哺乳類はネズミです。とくにハツカネズミ、クマネズミ、ドブネズミの三種は、いずれも古い時代から人間活動についてまわって世界中に分布を広げ、ときには船に潜り込んで海を渡り、洋上の孤島にまで侵入しました。

ハツカネズミは二〇グラム程度の小型のネズミで、ユーラシア、アフリカ、オセアニアのほぼ全域に分布し、日本の本土部でもほぼ全域に分布しています。おもに植物を食べて種子を好みます。また昆虫類など小型の動物も食べます。人間のつくった人工的な空間にも適応できるので、意図せず人間が関与して新たな土地に侵入してしまう可能性が高いと考えられています。

クマネズミは一〇〇〜二〇〇グラムほどの大型のネズミで、もともとの自然分布はインドから東南アジアあたりと考えられていますが、現在ではほぼ世界中に分布しています。人間の生活空間に適応するので人間の移動とともに分布を拡大したと考えられています。日本列島には人間が到達するより早く進出したと考えられています。植物食で種子や実生を食べますが、昆虫や貝類などの小動物も食べるので、クマネズミの侵入した地域では、とくに島嶼部においては生態系の撹乱が問題となります。以上の二種は「世界の侵略的外来種ワースト一〇〇」にリストされています。

ドブネズミはクマネズミよりも大型で、今では世界中に分布しますが、もともとの自然分布は、シベリア、中国北部、日本の場合は、本州、四国、九州で自然分布、北海道とその他の島嶼部では外来種とされています。都市的空間にも入り込み、泳ぎも得意で、ときどき異常発生することがあります。植物も食べますが、動物食の割合が高いので、島嶼部の希少性の高い動物群を捕食して生態系に影響を与えます。

こうした経緯からすると彼らを外来種と呼ぶには疑問符がつきますが、古い時代に意図せず人間が持ち込んだネズミが、たとえば島嶼部の生態系で希少動物を追い詰めているとすれば、明らかにその地の生物多様性に影響を与える存在です。そして生物多様性条約をつくりあげた現代社会としては、「生態系の害」の観点から対策を必要とする動物としてとらえることができます。このことは、森林内の植物を食べて生物多様性を劣化させている在来種のニホンジカに「生態系の害」を適用するのと同じです。

そのうえ、古くからネズミの捕食者、天敵として島に持ち込まれた動物がネコだったことも、問題をいっそう深刻にしました。

ネコという脅威

遠藤薫さんが著した『〈猫〉の社会学』（二〇二三年）には、日本の文化に刻み込まれた猫（根子）の物語がぎっちりとおさめられています。そして縦横無尽のじつにおもしろい考察とともに、日本の歴史の中でネコがどのように扱われてきたかということを知ることができます。そもそもの問題はネズミにあります。農産物はもちろんのこと、絹を産出する養蚕業にとってもネズミは深刻な害獣だったので、ネズミを捕ってくれるネコは昔から大事にされてきました。したがって、ネコは放し飼いにしてこそ役に立つ動物でした。

現在の日本の法律では、自由に動きまわるネコのうち、飼い主がはっきりしているネコを「イエネコ」、特定の飼い主を持たないまま人間に依存して生きるネコを「ノラネコ」、人間に依存せず自然の中で野生化して生きるネコを「ノネコ」と呼んで区別します。そしてノネコは鳥獣法によって「狩猟獣」に指定されています。とはいえ、法律でどんなに区分されようが、自由放任で行動するネコはじつに有能なハンターです。野外に出れば、小型哺乳類、鳥類、昆虫類をじょうずに捕えて食べるのです。それが希少性の高い動物であるほど種の存続に関わる一大事となることが理解されて、「世界の侵略的外来種ワースト一〇〇」にも、「日本の侵略的外来種ワースト一〇〇」にもリストされています。

先に紹介した自然遺産となった「小笠原諸島」や「奄美・琉球」のような希少動物の宝庫の島では、

いろいろな分野の研究者が注目しているせいで、ヤンバルクイナのような希少動物の調査用に設置した自動撮影カメラに希少動物を襲うネコの姿が撮影されて、問題が急浮上しました。普通の島の場合には、海鳥などの鳥類の専門家やアマチュアのナチュラリストがいたときに、その長年の観察を通して問題が浮上します。

海鳥を捕食するネコ

二〇一六年に鳥類学者のピーター・マラさんとジャーナリストのクリス・サンテラさんが書いた"Cat War"という本が出て、二〇一九年に『ネコ・かわいい殺し屋』とのタイトルで邦訳されています。この本では、ネコが野生生物の捕食者としていかに有能であるかということを説明したうえで、アメリカ社会で希少鳥類の保護を志向する人たちによるネコ排除論と、ネコの愛護を志向する人たちとの間にヒステリックな対立が起きていることや、フリーのネコを捕獲して（Trap）、不妊・去勢手術をして（Neuter）、もとの場所に放す（Return）という、TNRと呼ばれる方法を紹介しながら、それはネコ集団の密度コントロールとして有効であっても、現場に戻せば鳥類や希少種への捕食の抑制にはつながらないとする見解が紹介されています。まさに日本の社会でも起きている現実です。

二〇二二年に綿貫豊さんが書いた『海鳥と地球と人間』にも、ネコ対策の取り組みが紹介されています。北海道羽幌町にある天売島に、ウミネコ、ウミウ、ウミガラス、ウトウなどの繁殖地があり、「天売島海鳥繁殖地」が国の「天然記念物」と「国指定天売島鳥獣保護区（集団繁殖地）」に指定されています。島の反対側には集落があってネコが飼われていました。一九八〇年代までは海鳥の繁殖地でネコを見かけることはありませんでしたが、一九九〇年代になるとネコが出没するようになり、三万つがいもいたウミネコが二〇一〇年時点で一〇分の一にまで減ってしまったのです。

羽幌町はネコの駆除計画を立てますが、ネコ愛護派の反対を受けてネコの不妊化活動に切り替えました。五年ほどでネコの数は減ったものの、やめたとたんに増えてしまいます。そのため二〇一二年からは北海道獣医師会と環境省の協力を得て「人と海鳥と猫が共生する天売島連絡協議会」を立ち上げ、「天売島ネコ飼養条例」をつくり、飼われているネコはマイクロチップで登録し、ノネコ、ノラネコは捕獲して里親探しを行う努力を続け、二〇一八年段階で海鳥繁殖地に出没するネコを見ることがなくなったとのことです。

猫島問題

全国の島でネコが飼われるようになるのは相当に古い時代のことです。遠藤薫さんはこのことを古代信仰との関連で考察しておられます。とはいえ、現実的な主たる理由はネズミ対策でしょう。そして、島にはネズミ以外にも獲物となる小動物がいろいろすんでいますし、漁港に行けば魚を口にすることもできますから、ネコが生きていくうえではなにも問題はありません。

そんな人間とのつかず離れずの関係は、本土部の人口過密な都会ではなかなか見かけなくなりました。交通事故もあれば、ネコ嫌いの住民からの苦情もあって、ネコを家の中で飼う風潮が強くなっています。それでもネコを捨てる人たちは後をたちません。不幸にも殺処分されるノラネコを減らすために、愛護団体などによる努力がずっと続いています。そんなネコとの世知辛い関係を知る人々にとって、島でのんびりと暮らすネコに郷愁を感じるのか、とても癒されるようです。

今世紀になるとSNSを使って写真つきの情報を気軽に広げることができるようになったので、島のネコの写真が拡散されて「猫島」ブームが起きました。そして、のんびりと暮らすネコに触れたいと、過疎の島にたくさんの人たちがやってくるようになりました。人々が集まればいろいろと問題が起きます。過度な餌やりでネコの数が増え、太りすぎで健康被害を抱えるネコが出るほどです。島の住民は、人口よりも多くなったネコや、増える一方の観光客にとまどっています。ネコに会いにくる訪問者はときに勝手なもので、人々が集まる島や過密になったネコを避けるように新たな猫島を見つけては情報を拡散させて、今では数十もの猫島が知られています。

島の住民はネズミを捕ってくれるネコを大事にしたいのですが、ネコが過剰に増えることには閉口しています。問題が大きくなった島では役場や愛護団体がネコを生け捕りにして、不妊・去勢手術や里親探しといった努力が始まっています。これには住民負担のコスト（労力、費用、時間）がかかります。ところで、あまり重視されないのですが、どの島の自然にも生物がすんでいます。そしてネコが増えれば動物群への捕食の頻度が高まります。生物多様性保全に配慮したネコ対策ということについて、ネコ好きのみなさんにも、ぜひ考えていただかなくてはなりません。このことは外来種問題とその対策において必ず直面する命の問題です。

第3章　本土部の外来動物対策

1　産業飼育から生まれる問題

本土部の場合

外来の哺乳類でも、問題が農林業被害や人間生活への害に限られるなら、在来の哺乳類と同じように特定の場所への侵入を予防し、侵入した個体の駆除で対処すればよいことです。しかし、生物多様性に影響をおよぼす生態系の害を持ち込む外来哺乳類となれば、そうはいきません。完全排除を理想としま す。それは島嶼部でも本土部でも変わりません。ただし、その達成可能性が異なります。

島は閉鎖系ですから、面積が狭いほど完全排除の可能性は高まります。しかし、連続的に空間が広がる本土部でのそれはとてももずかしいことです。かりに、特定の環境要素に強く依存する種であれば、その環境を取り囲むように排除の戦略を立てることは可能かもしれません。しかし、柔軟でたくましい環境適応力を持つ種となると、範囲を絞ることがむずかしくなります。自然域はもちろん、河川敷、農地、都市部の緑地や庭、さらには生ごみのような人間生活由来の食物が得られる街中や住宅地まで利用する外来哺乳類の分布が広がってしまえばターゲットを絞れなくなるので、防除の戦略を立てることがむずかしくなります。

ここで紹介する産業に由来する外来哺乳類とは、私営・公営の観光施設や動物園の展示動物、実験動物、ペットとして販売する目的で飼われている動物、毛皮獣や天敵の養殖のために飼育されている動物などがあげられます。動物愛護管理法（動物の愛護及び管理に関する法律）が誕生したのは一九七三（昭和四八）年ですから、以前の動物の飼育管理は現在ほど厳しいものではありませんでした。飼育施設から逃走しても、経営難で閉鎖した園の壊れた畜舎から逃げ出しても、危険な動物でなければ社会は無関心で、飼い主も無責任なものでした。

外来生物法や動物愛護管理法の改正が進んだ現在では、「特定外来生物」の輸入は禁止されており、すでに輸入された個体を無許可で飼育したり野に放したりすれば、高額の罰金が科せられます。とはいえ、法律でどんなに厳格な飼育管理を求めても、人間のやることですから、うっかりミスは起こります。あるいは特定外来生物に指定されたとたんに闇にまぎれて野に放つなんて出来事が起きるのも、この問題のむずかしいところです。それを取り締まることはほぼ不可能です。そのため外来種対策では普及啓発がとても重視されており、特定外来生物の指定についてもじつに慎重な議論が重ねられています。

ところで、新天地で外来哺乳類が野生化したとしても、繁殖に成功しなければ定着には至りません。

繁殖できなければ個体の寿命とともに問題は解決します。ところが、偶然にも繁殖に成功してしまえば、徐々に個体が増えて初めて問題が浮上します。あらかじめ飼育下で避妊処置がされていればよいのですが、繁殖を前提にした産業目的の飼育ではそんな処置はしていません。そして、野外で繁殖に成功してしまう場合とは、雌雄を含む複数個体が遺棄されたり逃走したりすることによります。あるいは近い場所にすでに同種の個体が野生化していることで、雌雄が出会ってしまうことが前提となります。彼らは野生動物ですから、痕跡や匂いによってたがいの存在を察知して合流します。繁殖期ほど匂いが強力な武器となります。

外来サル類

国立環境研究所がウェブサイトで公開している侵入生物データベースの哺乳類一覧には、外来サル類として、タイワンザル、アカゲザル、カニクイザル、リスザルがリストされています。これらサル類は、二〇〇五（平成一七）年に改正された感染症法（感染症の予防及び感染症の患者に対する医療に関する法律）によって輸入が禁止されています。

このうちリスザルは南米に生息するオマキザル科の小型のサルで、現在、人気のペットとして数十万円で取引されており、「生態系被害防止外来種リスト」では「その他の総合対策外来種」として警戒されています。そして、定着の実態は不明ながら、伊豆半島の森林内で目撃情報が出ています。伊豆半島にはリスザルを飼育する私営観光施設が存在するので、そこから逃走したものか、その近くに捨てにきたのかはわかりません。いずれにしても監視を強め、野生化個体が存在するのであれば、早期に捕獲して野外から取り除く必要があります。

それ以外の三種のサルはニホンザルと同じオナガザル科マカク属の動物であるために、ニホンザルとの交雑という深刻な問題が浮上しています。数百万年前に何度か起きた地殻変動によって台湾や日本列島がユーラシア大陸から切り離されたとき、大陸の東のはずれを北上してきたマカク属のサルがそれぞれの地に取り残されて、独自の進化をとげました。このうち台湾に閉じ込められたサルがタイワンザルとなり、日本列島の、本州、四国、九州に閉じ込められたものが、豪雪地帯にさえ適応して、スノーモンキー（snow monkey）として世界に知られる日本固有のニホンザルとなりました。すでに津軽海峡が切り離されて北海道に渡れなかったために、下北半島のニホンザルが世界最北端の地に生息するサルとして国の「天然記念物」に指定されています。この独自の進化をとげた個性ある遺伝的特徴に対して交雑問題が発生したことは、霊長類学の分野で深刻に受け止められて、現在、マカク属の三種のサルはすべて外来生物法の「特定外来生物」に指定されています。

タイワンザルは、以前から実験動物や観光目的で日本に持ち込まれ、このうち私営観光施設で飼育されていたものが閉園後に放置されて園の内外に逃げ出し、ニホンザルとの間で交雑問題を起こしました。そのため「日本の侵略的外来種ワースト一〇〇」にリストされ、国の「生態系被害防止外来種リスト」の「緊急対策外来種」に選ばれています。

アカゲザルは、アフガニスタンからインド北部を経てインドネシア、中国に至る南アジアに広く分布するサルです。実験動物や観光目的で日本に持ち込まれ、いつのまにか野外に定着して、個体数を増やしながらニホンザルとの間で深刻な交雑問題を起こしています。こちらも国の「生態系被害防止外来種リスト」の「緊急対策外来種」に選ばれています。

カニクイザルは、インドシナ半島、ボルネオ、フィリピンといった東南アジアに分布するサルで、こちらも実験動物として日本に持ち込まれました。かつて伊豆諸島の地内島に放された時期はありますが、すでに消滅しています。現在のところ野外に出た情報はありませんが、実験動物としてたくさん飼育されていますから、なんらかの理由で野生化が起きればニホンザルとの交雑が懸念されます。そのため、国の「生態系被害防止外来種リスト」の「その他の定着予防外来種」として危険視されています。また、本種は世界各地に実験動物として持ち込まれて、逃げた個体が農作物被害や感染症の媒介者になっていることから、ＩＵＣＮの「世界の侵略的外来種ワースト一〇〇」にもリストされています。

タイワンザル対策

サルの交雑問題は二〇〇五年に外来生物法が施行される前から、研究者らによって深刻に受け止められていました。そして、関係者の長年にわたる忍耐強い取り組みによって、日本の本土部で外来哺乳類の根絶を達成した最初の事例となりました。その経緯が『日本の外来哺乳類』（二〇一一年）の中で、白井啓さんと川本芳さんによって紹介されています。

対策のはじまりは下北半島です。一九五〇年代に青森県の私営観光施設が台湾から輸入したタイワンザルの放し飼いを始めました。当時、西日本で広がっていたニホンザルの観光餌付けブームを真似たものと思われます。その後は経営不振となり一九七五年に閉園したのですが、所有者が放し飼いのまま飼育を続けたために、北限のニホンザルの群れとの接触が懸念されて、日本霊長類学会と日本哺乳類学会が問題を提起して、行政側に動きが出ます。ただし、そのころはまだこの問題に対処できる法律がありませんでした。

一九九九年の動物愛護管理法の改正時に自治体によって動物の飼育に関する条例をつくることが可能となったことから、二〇〇三年に青森県が条例をつくり、タイワンザルを「特定動物」に指定して飼育管理を指導しました。所有者は飼育を断念し、すぐに研究者らによる全頭捕獲が行われました。完全排除の確認は二〇〇四年のことです。ただし、このときすでにタイワンザルの群れの中にニホンザルの侵入が目撃されたほか、捕獲個体の遺伝子から交雑が確認されるという深刻な事態が起きていました。

同様の問題は和歌山県の私営観光施設でも起きました。タイワンザルの群れが野外に出ているとの情報は一九七〇年代からあったのですが、当時の関心は薄く、一九九〇年代になってようやくサル研究グループによる調査が始まり、タイワンザルの群れの存在や分布が明らかになりました。さらに、ニホンザルの調査中に明らかな交雑個体が確認されたことで本格的な対策の必要性が認識されます。加えて、地元ではサルによる被害問題が深刻になっていたことから、和歌山県が本格的にタイワンザル問題に向き合うことになりました。このときはまだ外来生物法がなかったので、鳥獣法によって捕獲が進められたのです。和歌山県による事業の他に研究者グループや地元の協力を得て捕獲が継続され、最大四群、三〇〇頭に増えていたタイワンザルを数十頭に抑え込み、その後もきめ細かい根絶確認調査と捕獲の継続によって、二〇一七年には県知事が根絶宣言を出すに至りました。

こうして、タイワンザル対策の取り組みは、本土部でも外来哺乳類の根絶が可能であることを示す成功モデルとなりました。実際のところ、外来生物法が生まれる前から続けられてきた苦労と忍耐の賜物ですが、現場の研究者による問題の発見、学会レベルでの問題提起、関係するステークホルダーによる情報の共有、協働による根絶の達成というプロセスから学ぶところはたくさんあります。

アカゲザル対策

千葉県の房総半島の南の端で外来マカク属のアカゲザルが野生化しました。個体数を増やしながら、ここでもニホンザルとの交雑問題が発生しています。問題の経緯は、千葉県が外来生物法にもとづいて作成した「第二次千葉県アカゲザル防除実施計画」と、鳥獣法にもとづいて作成した「第五次千葉県第二種特定鳥獣管理計画（ニホンザル）」という、二本の計画書から読み取ることができます。ここには関連情報がきめ細かく網羅されています。さらに川本芳さんらがＤＮＡ鑑定による交雑確認の経緯について報告されており、いずれもウェブサイトで読むことができます。

はじまりは一九七〇年代のことでした。房総半島の南端で、いないはずのサルの情報が出始め、一九九〇年代になると農作物被害を出すサルの群れが問題となり、二〇〇二年にはＤＮＡ鑑定によってアカゲザルであることが特定されました。彼らが私営観光施設から逃げたものか、個人のペットであったのか、その由来は特定されていませんが、ニホンザルの群れにもアカゲザルの群れにも、すでに交雑個体が混じるほどの深刻な事態が進行中であることが確認されたのです。

千葉県は二〇〇七年に外来生物法の「防除実施計画」をつくって、アカゲザル調査に乗り出します。まずは、アカゲザルの母群の分布を拡大させないために南房総市南部と館山市を通るＪＲ内房線の南側に防除実施ラインを設定して、目標を明確にしたうえで群れごとの状況を把握して捕獲を強化しています。とはいえ、その準備の過程でもアカゲザルは増えていき、二〇〇七年に四群であったものが二〇二〇年には一九群となっています。ちなみに二〇一四年に外来生物法が改正されたときに交雑個体も法の対象となりました。

房総半島の地に生息するニホンザルは、古い時代に房総半島に隔離された集団に由来します。最終氷期後の一万九〇〇〇年前から六〇〇〇年前あたりまで続いた縄文海進で関東平野が広く海に沈んだとき、房総半島部が隔離されたことや、海進が終わった後も農耕・定着を進める人間の活動によって森林が切り拓かれたことで、関東の山間部のサルの群れとの交流が遮断されました。こうして房総半島の群れの遺伝子に固有の特徴が現れたのです。この房総半島の小さな集団の絶滅の危機に対して研究者の関心が集まり、一九五六（昭和三一）年には「高宕山サルの生息地」として国の「天然記念物」に指定されています。ところが、手厚い保護によって個体数が増えると農作物の被害が始まり、地元の要請で駆除の対象となり、そのマネジメントにはむずかしい舵取りが求められるようになりました。

そこにアカゲザル問題が浮上したのです。この問題は社会的にも真剣に受け止められて、二〇二〇年に「房総半島のニホンザル」として国のレッドリストの「絶滅のおそれのある地域個体群」に選ばれ、対策が継続的に進められています。現在の千葉県のニホンザルの管理計画では、古くからのモニタリングデータにもとづいて、ほぼすべてのニホンザルの群れの位置が特定され、環境省のガイドラインに従った管理ユニットごとにマネジメントが進められています。難題はアカゲザルとの交雑問題で、ニホンザルで実施されている「加害レベル判定」に「交雑レベル判定」を加え、制度としてはじつにきめ細かい管理が行われています。それでもアカゲザルの勢いを抑え込めない状況が現在でも続いています。

キョン対策

続けて、やはり房総半島で分布を拡大するキョンの話をします。房総半島は冬でも温暖なことや丘陵や低山が入り組んだ複雑な地形が、外来種にとっては定着しやすい環境なのでしょう。「千葉県の外来生物リスト二〇二〇年改訂版」によれば、県内に一三五三種も外来種が確認され、そのうちの四三種が外来生物法で危険視される「特定外来生物」です。こうした事態への危機感が共有されて、県は二〇〇八年にターゲットを生物多様性に置いた「生物多様性ちば県戦略」を策定し、あわせて生物多様性センターを開設するなど、外来種の問題にはとても熱心です。

すでに定着の始まっている外来哺乳類一二種のうち、県が外来生物法による防除実施計画を策定して、とくに熱心に防除の努力を進めている外来哺乳類は、アカゲザル、アライグマ、キョンの三種です。キョンについては先に伊豆大島で東京都が行っている防除の取り組みを紹介しましたが、閉鎖系でない房総半島では、急速に分布を拡大するキョンの対策が困難を極めています。ここに島と本土部の外来種対策のむずかしさの違いが現れています。

千葉県が二〇二一年に作成した「第二次千葉県キョン防除実施計画」から概要を紹介します。千葉県のキョンは勝浦にあった私営観光施設からの逃走個体が起源だと考えられています。野生化の時期は特定できませんが、昭和の後半あたりのようです。キョンの被害としては、農作物被害、生活環境害のほか、気味の悪い鳴き声が嫌われています。シカと同様に、植生に食圧をかけて在来の生物群に影響を与える生態系の害もあります。

千葉県は、外来生物法が誕生する前の二〇〇〇（平成一二）年に「千葉県イノシシ・キョン管理対策基本方針」を策定して、野外からの排除を目指して鳥獣法にもとづく駆除を開始しました。そして外来生物法がつくられてからは二〇〇九年に「防除実施計画」を策定して、対策を強化しています。しかし、成獣でも体重が十数キログラムという小型犬ほどの大きさですから、植物の陰に隠れてしまえば見つけにくく、すばしこく逃げまわるので捕獲がむずかしい動物です。そのため、二〇〇四年には五市町村だった分布域が、二〇一九年には一七市町村へと拡大して、房総半島の南半分に広がっています。

県の防除実施計画では、半島南部のすでに定着した市町村の境界に「分布拡大防止ライン」を設定して、そこから北への分布拡大を阻止すべく、ラインの北側を注意地域として監視を強化しながら、南側での捕獲を強化してきました。しかし、万里の長城のような壁がつくられたわけではありませんから、ラインの内側から脱け出す個体を阻止することは至難の業です。

じつは、二〇二二年段階で、千葉県北部で不確かながらキョンの目撃情報が出始め、二〇二三年には隣接する茨城県でも目撃情報が出ており、群馬県、栃木県でも侵入定着のおそれありとして警戒しています。都市的空間をはさんだ東京都や埼玉県でさえ、河川敷や都市緑地を伝っての侵入はありえないことではありません。二三区内には、皇居、新宿御苑、明治神宮、代々木公園といった、時間によって人間の出入りが制限される大規模な緑地がいくつもあります。こうした緑地はキョンには好ましい環境です。

外来リス類

外来リスについては、『日本の外来哺乳類』（二〇一一年）、『リスの生態学』（二〇一一年）の中で田村典子さんが紹介されており、こちらも深刻な事態となっています。一九三五（昭和一〇）年の伊豆大島に開園した動物園でタイワンリスが飼育されたことがはじまりで、以後の観光ブームの中で、大島から各地の観光施設に持ち込まれました。愛くるしいリスはウサギとともに今でも人気があります。

タイワンリスの正式和名はクリハラリスで、もともと中国南部からマレー半島にかけて、さらに台湾にも分布する小型のリスです。遺伝子解析から、日本のクリハラリスの多くは台湾産で、一部に中国産の個体が混じっていることが確認されています。一九八〇年代になると野生化個体の目撃情報が出始め、二〇〇九年段階で北は青森県から南は九州の長崎県まで三二都府県で目撃情報が出ています（島も含む）。二〇〇五年の外来生物法の施行後、クリハラリスは「特定外来生物」に指定されて、輸入、飼育、販売、運搬および野外への放逐が禁止されました。また、「生態系被害防止外来種リスト」の「緊急対策外来種」にリストされています。その理由は、在来種のニホンリスが、南関東、中国、九州の各地で姿が消え、西日本の二地域でレッドリストの「絶滅のおそれのある地域個体群」に指定されていることによります。

観光客のあふれる鎌倉の市街地で白昼堂々と電線を伝って走りまわり、圧倒的な適応力を見せつけるクリハラリスが、小型のニホンリスのニッチを奪っていくことは容易に想像できます。さらに、木の実の他に、昆虫、鳥の卵、雛鳥まで食べるので、地域の生物多様性への影響が強く懸念されています。また、庭木や公園の樹木の樹皮をかじり、地域によっては農作物被害や植林木の樹皮を剥ぐ林業被害を出しています。市街地では電線や電話線の被覆をかじり、住宅内に侵入する事例まで確認されています。人獣共通感染症の可能性も含めれば、人間への害は甚大です。

他にも三種の外来リスについて野生化・定着の可能性が出ています。シマリスはユーラシア大陸の北部に生息するリスで、ペットとして持ち込まれたものが逃げ出しました。一九八九年にはすでに北海道から九州まで二五都道府県で野生化が確認されています。北海道には亜種のエゾシマリスが在来で生息しているので、交雑の懸念から「生態系被害防止外来種リスト」の「重点対策外来種」となっています。大陸に生息するキタリスの野生化も確認されています。一九八六年には埼玉県の狭山丘陵で、二〇〇七年には長崎県の島原市で、キタリスのロードキル個体が確認されました。その姿はニホンリスに似ているので目視で気づくのはむずかしいのですが、轢死体の遺伝子解析で確認されました。両者は交雑の可能性があることから、外来生物法の「特定外来生物」に指定されて、「生態系被害防止外来種リスト」の「緊急対策外来種」となっています。北海道に在来で生息するエゾリスはキタリスの亜種であり、こちらとの交雑も懸念されています。

その他、クリハラリスと、その近縁種で東南アジアに生息するフィンレイソンリスとの外来種どうしの交雑個体が静岡県浜松市で確認され、二〇一三年に「特定外来生物」に指定されて、「生態系被害防止外来種リスト」の「その他の定着予防外来種」とされました。

クリハラリス対策

クリハラリスは樹上生活者ですから、緑地との関連で生活しています。問題が局所的に発生するせいか、市町村が防除実施計画を作成する事例が多く見られます。神奈川県の鎌倉市がその一つです。その由来は、戦前から飼育されていたペットが逃げたとか、一九五一（昭和二六）年に伊豆大島から江の島の私営観光施設に導入された五〇頭の中から逃げた個体が野生化したとの説もあります。原因が重複したとしても不思議ではありません。

鎌倉の温暖な気候、丘陵帯の入り組んだ地形、たくさんの社寺仏閣とともに連続する緑の存在は、クリハラリスに絶好の環境を提供しています。現在は市街地や住宅地内で電線を伝って走りまわり、電線の被覆をかじったり由緒ある社寺や個人宅の庭木の樹皮をかじったりして被害を出しています。鎌倉市は早くから鳥獣法にもとづく駆除を行い、外来生物法が施行された後の二〇〇九（平成二一）年には、「鎌倉市クリハラリス（タイワンリス）防除実施計画」を策定して本格的な対策に乗り出しています。

ところが、鎌倉から南に三浦半島の丘陵帯に連なる緑地でも、北に横浜市の内陸へと向かう丘陵帯でもすでに分布は広がっており、その先で相模川を渡って丹沢山地に侵入してしまえば、防除はほぼできなくなります。この深刻な事態に対して、二〇一九年に日本哺乳類学会から県知事あてに「神奈川県における特定外来生物クリハラリス（タイワンリス）の分布拡大を防ぐための対策推進についての要望書」が提出されています。

クリハラリスの根絶にほぼ成功したモデルが九州にあって、そのプロセスを森林総合研究所の安田雅俊さんらが詳細に報告しており、ウェブサイトで読むことができます。九州のクリハラリスは伊豆大島に由来することが確かめられており、三つの離島（大分県高島、長崎県福江島、壱岐）のほか、本土部の熊本県宇土半島で野生化した集団が確認されています。根絶の成功モデルとは宇土半島の集団のことです。

熊本市の南に位置する宇土市と宇城市の境界から八代海へとのびる半島で、その先にある私営観光施設から逃げたクリハラリスが野生化しました。一九九八年ごろから目視され、二〇〇四年には果樹などの農業被害を出すようになりました。地元の熊本西高校生物部による継続調査が大きな役割を果たし、そこに熊本野生生物研究会が加わって対策の議論が進みました。二〇一〇年には、熊本県宇城地域振興局農林部林務課を事務局として、国、自治体、農協などの民間の関係機関、学識経験者が参加して「宇土半島におけるタイワンリス防除等連絡協議会」が設立され、電線をかじるということでＮＴＴまで参加する大きな動きとなりました。

議論の結果、防除の目標を「宇土半島への封じ込め」と「宇土半島からの根絶」の二段階に設定し、その方針を「順応的管理の採用」と「増えるより多く捕ることの継続」の二点とする明確な行動指針の下に、参加者全体が協働する対策が進められました。加えて日本哺乳類学会からも対策要望書が出されて、メディアを巻き込んだ啓発活動も対策の遂行に役立ったそうです。順応的管理とは、生態系のような不確実性をともなう対象に対して、つねにモニタリングをしながら状況に応じて柔軟に計画の修正を行いながら対処していく考え方のことです。増えるより多く捕るということは外来種対策の鉄則ですが、これがなかなかうまくいきません。

そして、二〇〇八年当初は鳥獣法の有害捕獲で遂行されていたのですが、協議会が発足した二〇一〇年以降は捕獲奨励金が導入されたほか、猟友会の捕獲技術も向上して一気に三〇〇〇頭が捕獲され、その後は徐々に捕獲数も減少して数十頭まで減らしました。生存個体数が減れば捕獲数も減るので、狩猟者のモチベーションが下がるものですが、宇城市では、二〇一一年に環境省の生物多様性保全推進支援事業の雇用従事者制度を導入して、一頭あたり報奨費を支払う体制から専属の捕獲従事者を雇用する体制へと切り替えたことが功を奏し、最終的な根絶の確認まで継続してエネルギーを集中させることに成功しています。レポートの著者の安田さんは、もしも防除の開始が遅れ、総個体数が一万頭を超えていたら手遅れだったと書いています。外来哺乳類対策の非常に大きな教訓です。

北海道のテン

本来、日本列島には本州以南にニホンテンが、北海道にはクロテンが生息していました。これも津軽海峡（ブラキストン線）が古くから途切れていた証拠の一つです。日本の固有種であるニホンテンは、本州、四国、九州に生息するホンドテンと、対馬に生息するツシマテンの二亜種に分類されています。一方のクロテンは、ユーラシア大陸の北部に広く分布する種で、北海道の集団はその亜種であり、和名でエゾクロテンとすることもあります。

テンは体長が五〇センチメートル前後、尾が二〇センチメートルほどの動物で、クロテンのほうがやや小型です。いずれも木登りがうまく、果実や小動物を食べる肉食動物です。古くから毛皮の質が好まれて高値で取引され、欧米諸国がこぞって毛皮を求めた一九世紀の乱獲によって個体数が減少したことから、養殖がさかんになりました。北海道では一九二〇（大正九）年に乱獲で減少したエゾクロテンを禁猟にして、一九四〇年代にニホンテンの養殖が始まりました。これがニホンテンの野生化のはじまりです。

北海道内の両種の分布の変遷については森林総合研究所の平川浩文さんらが膨大な情報を収集して詳細に解析しており、ウェブサイトで読むことができます。それによれば、禁猟となったクロテンが分布を回復させる一方で、一九四〇年代以降に野生化した外来種のニホンテンが道南地域で分布を広げ、両種が道央の札幌、千歳、苫小牧に広がる石狩低地帯で分布を重複させているとのことです。体の大きいニホンテンがエゾクロテンと競合してニッチを奪うことや、近縁種であることによる交雑も心配されています。

チョウセンイタチとニホンイタチ

外来のイタチ科動物については、佐々木浩さんが『日本の外来哺乳類』（二〇一一年）の中で詳細に書かれています。チョウセンイタチとは、ユーラシア大陸の東部からヒマラヤにかけて広く分布するシベリアイタチ（タイリクイタチとも呼ぶ）のうち、朝鮮半島に生息する亜種のことを指します。日本では対馬に在来種として生息しています。

イタチ科は雌雄の身体の大きさが異なることが特徴で、チョウセンイタチの頭胴長は、オスで三〇～四〇センチメートル、メスが二五～三〇センチメートル。尾はそれ以上の長さがあります（全長に対する尾率五〇パーセント以上）。一方、ニホンイタチは日本の固有種でチョウセンイタチより小型です。

また頭胴長より尾が短い（尾率が五〇パーセント未満）。これが両種の形態的な違いです。両種とも水に潜り、木に登り、肉食性が強く、昆虫、甲殻類、魚類、両生類、爬虫類、鳥類といった小動物を捕食し、果実などの植物も食べます。

対馬のチョウセンイタチは個体数が激減したため、環境省のレッドリストで絶滅危惧ＩＢ類に指定されています。その一方で、本土部に持ち込まれたチョウセンイタチは国内外来種とされています。現在では岐阜県、愛知県あたりを境に西日本の九州、四国、中国、近畿の各地に生息しています。その由来は、昭和初期に毛皮獣として、あるいはネズミの天敵として、福岡県、兵庫県で養殖されていたものが放されたとか逃げたとかされています。

チョウセンイタチは在来のニホンイタチと競合し、希少種も含めた小動物を捕食し、農業被害、生活環境害、保健衛生害を持ち込むことから、「日本の侵略的外来種ワースト一〇〇」にリストされています。また「生態系被害防止外来種リスト」では、国内外来種の「重点対策外来種」とされています。

ところで、ニホンイタチのほうも毛皮目的で養殖され、第2章で紹介したとおり、ネズミの天敵として各地の島に持ち込まれた経緯から国内外来種として扱われる地域も多いのです。また、明治初期に北海道に持ち込まれたニホンイタチが野生化して分布を広げ、イタチ科のオコジョなどと競合していると考えられています。そのためニホンイタチも「生態系被害防止外来種リスト」の中で国内外来種の「緊急対策外来種」とされています。

国内外来種は外来生物法の「特定外来生物」の対象にはならないので、本土部では鳥獣法の狩猟や駆除で対処する以上の対策はとられません。ネズミの天敵となることから、狩猟では繁殖に寄与するメスを獲ることは禁止されていますが、対馬以外の国内外来種のチョウセンイタチは雌雄とも狩猟獣となっています。とはいえ、実際の捕獲の現場で、どれほど厳格に雌雄や種の区別をしているかは疑問です。野生状態で目視しても区別はできませんし、捕獲したイタチを尾率で識別することも意識の高い狩猟者でなければやらないでしょう。なにより駆除目的でワナをかける人たちにとってはすべてが害獣です。

アメリカミンク

アメリカミンクは北米大陸原産で、体長が四〇センチメートル、尾が三〇センチメートルほどのイタチ科の肉食動物です。哺乳類、鳥類、魚類、甲殻類などの小動物を食べ、テンやイタチよりも水辺への依存度が高いと考えられています。ミンクは毛皮の質が高く、高級コートとして利用されるほか、脂肪もミンクオイルとして革製品に使われるので、世界各地でさかんに養殖されてきました。その養殖場からの逃走個体が、ヨーロッパ、ロシア、南米で外来種として定着しています。その結果、ユーラシア大陸の西部に分布していた在来のヨーロッパミンクが競合によって減少しています。

日本では一九二八（昭和三）年に北海道で養殖が始まり、一九五〇年代の後半には野生化が始まったと考えられています。すでに北海道の全域に定着しているほか、本州の宮城県、福島県、群馬県、長野県の一部の河川で野生化個体が確認されており、それぞれ養殖場からの逃走によると考えられています。水辺にすむ各種動物、とくに希少性のある水鳥の捕食が懸念されること、在来のイタチとの競合といった問題があり、外来生物法の「特定外来生物」に指定されています。鳥獣法では捕獲の機会が増えることを期待して「狩猟獣」とされています。

北海道では道や市町村が外来生物法の防除実施計画を策定して捕獲を強化しています。福島県でも県と関係市町が防除実施計画を策定しています。長野県では佐久にある漁協が防除実施計画を策定して、捕獲の努力をしています。ミンクの捕獲にはワナが用いられますが、中小型動物の捕獲にはそれなりの技術を必要としますし、在来の動物を誤捕獲してしまう可能性が高いという難点もあります。

生物多様性保全の観点からも、内水面漁業被害防止の観点からも、できるだけ速やかに完全排除を進めるべく綿密な防除実施計画を立てて、専門性の高い捕獲技術者による持続的な捕獲戦略を展開する必要があります。イギリスでは根絶が達成されたとのことですから、できないことではありません。すでに全道的に分布が広がった北海道はたいへんかもしれませんが、本州の四県については分布が限定されているうちに速やかに適切に対処して拡大を阻止するべきでしょう。河川に関係の深い漁協関係者や釣り人から定期的に情報を収集して分布の推移を見守りつつ、密度の高い場所を中心に捕獲を強化していくことです。先の熊本県のクリハラリスや和歌山県のタイワンザルのような成功モデルからすると、より多くの関係機関や団体が参加する協議会を設置して進めることが肝要です。

ヌートリアとマスクラット

ヌートリアについては『日本の外来哺乳類』(二〇一一年)で、坂田宏志さんがくわしく書いておられます。南米原産の齧歯類で、体長が六〇センチメートル前後、大型のネズミのような姿で、後ろ足には水かきが発達しています。初めに養殖を試みたのは一八八〇年代のフランスで、以後、世界大戦による軍服用の需要の高まりがあったせいか、二〇世紀半ばまでに世界各地で養殖が始まり、そこから逃げ出したり放置されたりして野生化が始まりました。日本では、明治末期あたりに導入されて関東以西の各地で養殖が始まり、戦時中の軍事需要と戦後の毛皮ブームのころまでさかんでした。そこから逃走するとか、施設の閉鎖がきっかけで野生化が始まったと考えられています。

ヌートリアは水辺の植物を食べて生物多様性に影響を出すことのほかに、河川や池の土手に営巣のための穴をあけて堤体を弱体化させます。また農作物に食害を出すことから、現在、「特定外来生物」に指定されて完全排除を目指すべき対象です。「世界の侵略的外来種ワースト一〇〇」、「日本の侵略的外来種ワースト一〇〇」にリストされています。環境省ホームページの分布情報によれば、二〇〇九（平成二一）年時点で、すでに本州の中国地方から四国に広がり、北は青森県に至るまで分布が確認されています。

河川などの水系や水路を伝って分布を広げていき、台風や豪雨の際に個体が流されて新たな場所に定着するといったこともあるようです。水路に限定して生活しているので、痕跡をたよりに集中して継続的な捕獲圧をかけることで根絶は可能ですが、他の外来哺乳類と同じく、捕獲が進んで密度が下がるほど発見確率が下がるので捕獲がむずかしくなります。最後まで根気よく捕獲をやり続ける体制を生み出すことが必要です。イギリスでは根絶を達成、イタリアでも対処の最中です。

マスクラットもまた毛皮を目的として導入された動物です。ヌートリアよりひとまわり小さく三〇センチメートルほどの動物で、本来は北米に分布しており、戦前に輸入されて戦後に放されたと考えられています。水生植物のほかザリガニや小魚を食べていると考えられ、入口が水の中で回廊のある巣をつくることが知られています。野生化個体の分布は江戸川周辺の東京都葛飾区水元公園、千葉県市川市行徳島獣保護区、さらに埼玉県東部へと広がる途上にあります。こちらも「特定外来生物」に指定されており、問題が顕在化してからというより、分布が広がる前に排除してしまわなくてはなりません。それが対策コストを抑える基本です。

ハクビシン

出版されたばかりの増田隆一さんによる『ハクビシンの不思議』（二〇二四年）を読めば、その由来に関する謎が解けて、すっきりした気分になれます。ハクビシンは本来、中国南部、台湾、東南アジアに広く分布するジャコウネコ科の動物で、体長が六〇センチメートル前後、細長い六〇センチメートルほどの尾を持ち、顔の中央に白い毛があることから白鼻芯と呼ばれています。植物中心の雑食性で、果実のほか、昆虫や小鳥、卵など、小動物を食べます。中国南部では肉が食材とされるほどに身近な動物で、二〇〇三年に中国で流行したＳＡＲＳ（重症急性呼吸器症候群）の感染源として疑われました。日本では、戦時中に毛皮用に持ち込まれた養殖場から逃げたとの説もありますが、人間によく馴れるので、ペットとして持ち込まれた個体が逃げて野生化したとの説もあります。どちらも起こりうることです。

増田さんは現代の遺伝子分析技術によって、日本のハクビシンは台湾産の外来種であることを突き止めました。また、日本国内でのハクビシンの分布の特徴について、①中部地方から北と西への拡散、②関東地方から東北地方への拡散、③四国内での早い拡散、④近畿地方と中国地方での遅い拡散、⑤北海道と九州で分布情報がほとんどない、と報告されています。

果樹などの農作物被害を出すほか、木に登ることがうまく、電線を伝い、住宅のちょっとした隙間から入り込んで害を持ち込むので、以前から駆除が行われていますが、分布の抑制にはつながっていません。「特定外来生物」には指定されていませんが、生態系被害防止外来種リストの「重点対策外来種」とされています。また鳥獣法では「狩猟獣」となっています。私の住む関東圏でも急速に分布を広げており、東京二三区内でさえ姿を見せるほどになりました。管理の観点からは、分布が急拡大した原因を突き止めておく必要があります。

本土部の外来哺乳類対策のむずかしさ

事態はたいてい農業被害や生活環境害が発生して住民の苦情が役所に集まることで始まります。そして本格的な対策は、頻度が増えて、事の深刻さが理解されて初めて始まります。とくに都市化が進んだ地域ほど鳥獣対策の部署が手薄ですから、事態の深刻さが理解されていません。人命に関わる人獣共通感染症のこと、放置すれば問題はどんどんと広がってしまうこと、分布が限られているうちに対処すればコスト（労力、費用、時間）はうんと抑えられるといった基本的なことを後づけで学ぶので、初動の遅れが対策をたいへんなものにしてしまいます。税を扱う立場として、事態がはっきり見えてから動くというのは基本かもしれませんが、生きもの相手の業務の要点を理解していなければ、よけいな税の支出を抑えることができません。

外来哺乳類が市街地で問題を起こすとすれば、必ず拠点にしている緑地があるはずです。パソコン画面の緑地のわかる図面に、外来哺乳類の目撃や出没のあった地点を落とせば、拠点にしている緑地を絞ることができます。可能性のある緑地が何カ所もあったり、とても広かったりするかもしれませんが、対象範囲を明確にして、取り囲むように獲りつくす戦略を立てなければ、市街地で起きる問題を終息させることはできません。そして緑地から排除するときには、彼らの生息状況をおよそつかんだうえでとりかかるべきです。警戒心が薄く緊張感のない個体であれば、宅地への進入路や市街地のごみ溜めですぐにワナにかかりますが、警戒心の強い個体は安易にワナを仕掛けても捕まりません。生き延びて繁殖を続けます。

専門家なら緑地の要所に自動撮影カメラを仕掛け、糞を採集して食性を調べます。それによって食物を得る場所や通り道をおよそ絞り込んでワナを仕掛けます。そうした周到な準備もせずに漫然とワナを置いたところで、いつまでたっても害獣は捕まりません。やがて家に入り込み、人身事故が起き、感染症が発生して、地域住民の命に関わる大きな問題につながっていきます。そんなころには緑地にしがみついて生きてきた小さな在来の動物群は食べつくされて手遅れとなります（生態系の害）。これでは最新の生物多様性国家戦略の主旨に反します。

2　趣味の飼育から生まれる問題

動物を飼う文化のはじまり

動物と人間の関係については、民俗学、文化人類学（民族学）、宗教学、あるいは心理学といった人文科学の分野で長らく重要な位置を占め、著作もたくさんあります。現在では生命科学の分野でも研究が活発になっています。そのこと自体が、人間にとって、あるいは個人の心の問題として、動物が重要な存在であることの証です。これらの膨大な資料を生物学の視点から読み直した三浦慎悟さんは、二〇一八年に『動物と人間』という本を著して、人類が文化を築く過程でいかに動物を利用してきたかという、人類史の基底ともいうべき出来事を掘り起こされています。

野生動物ならなんでも家畜化できたわけではありません。家畜の定義の要点は「繁殖への人間の関与」にあります。そして家畜化に成功した動物とは、閉鎖状況に置かれたときに暴れまわるタイプではなく、集まって動かなくなるタイプの種であることが前提条件で、ヤギ、ヒツジ、ウシ、ブタ、少し遅れてウマで成功して、現代につながる五大家畜が誕生しました。イヌとネコの家畜化の経緯はやや異なり、両種の繁殖に人間が関与して以来、不思議な共生関係が続いてきました。

人間の狩りの過程で接近してきたオオカミがイヌに変化するには一〇万年という長い時間を経てきたとの推論もあります。オオカミとイヌの決定的な違いは認知能力の差にあります。イヌとヒトとの関係に見られる異種間としては異常なほどの共感力は、共進化の産物であると考えられています。狩猟のときに勝手に獲物を食べないようにしたかったのか、猟犬としての特殊化が始まり、品種改良によって愛玩犬としての道が拓けて大衆化しました。ところが、一九世紀後半のヨーロッパの街にはノライヌがあふれ、人獣共通感染症の狂犬病が蔓延したために、人々はイヌの殺処分や口輪の義務づけを求めました。このあたりから動物虐待の議論や動物愛護の思想が生まれてきます。

ネコは人間が農業を開始したころから穀物の貯蔵庫で増えるネズミを狙って近づいてきました。そのため害獣のネズミを捕ってくれる益獣として受け入れられ、以来、ヒトとネコの共生関係が長く続いてきました。ただし、ネコにも受難の時代がありました。中世ヨーロッパで異端の排除としてキリスト教徒による魔女狩りが行われたとき（一三～一八世紀）、悪魔の手先としてネコも火あぶりにされたのです。こういうところが人間という動物の極端なところです。ところが、ネズミの媒介によってペストが大流行したとき、ネコを飼っていた村では感染者が少ないことに気づいた人間は、ネコの社会的意義を再認識します。この時点ですでに世界中に広がっていたネコは、それぞれの場所で独自の品種が誕生していて、それらがヨーロッパに持ち込まれて愛玩動物としての地位を確立しました。すべては人間という知的動物が進化の過程で引き起こした、いかにも身勝手な記録の一つです。

日本の場合

先にあげた五大家畜が日本列島に持ち込まれた時期については、遺跡の発掘とともに活発に議論されていますが、今のところ縄文から弥生時代あたりに、イヌ、ブタ、ウシ、少し遅れてウマが持ち込まれたと考えられています。これらは農耕や軍事と関係の深い種ですから、国家の成立には欠かせなかったはずです。

ヤギはずっと遅れて一五世紀のころに琉球で飼育が始まりました。ヒツジは古代の貢物のリストには出てきますが、家畜としては定着していません。中世のころに羊毛が輸入されて、日本で飼育の気運が高まってくるのは江戸時代後期のことで、本格的な飼育は明治に入ってからのことでした。この二種の導入が遅れた理由は、肉食禁忌の時代には必要とされなかったとか、本土部の地理的条件が飼育に不利だったとか、明治時代まではシカがたくさん生息しており、シカ皮の利用文化も定着していたので、ヒツジやヤギを飼育する必要がなかったとか、いろいろ考えられます。

明らかに愛玩用として動物を飼う文化は、中国から日本に伝わりました。鳴く虫や美しく囀る鳥をかごに入れて飼ったり、金魚やコイを飼ったりすることも中国で始まりました。それらが順次日本に伝わって貴族の間で流行り、庶民の間には平和で安定した江戸期になってから広がっていきました。

イヌは縄文時代の遺跡から出てきており、おそらくもっとも早く持ち込まれた家畜です。長い間、狩猟の使役に用いられ、食用にもされました。イヌは放し飼いで、場所によってはノライヌがあふれたに違いありません。疫病、飢饉、戦によって無造作に死体が転がっていた中世あたりなら、ノライヌはカラスとともに片づけ屋スカベンジャーとして機能していたでしょう。そんなイヌの扱いが変化したのは江戸期の五代将軍・徳川綱吉による「生類憐みの令」のときです。動物に危害を与えた者を死罪にするほどの極端な制度は、綱吉の死後すぐに廃止されますが、儒教の「思いやり」の精神を尊んだ綱吉によって、戦争や暴力に明け暮れ、命がきわめて粗末に扱われた中世からの脱却がようやく始まったとの解釈で、再評価されています。

イヌはその後も狩猟や軍事用の使役や食用にされながら、放し飼い文化が長く続きますが、第二次世界大戦後の一九五〇(昭和二五)年に狂犬病予防法が誕生すると、保健所がノライヌを捕獲するようになりました。そして数十年のうちに、放し飼いのイヌやノライヌを見かけることはなくなりました。このことは人口減少に直面する現代にあって、野生動物が街中にまで大胆に侵入してくる現象の遠因になった可能性があります。

長崎県壱岐市のカラカミ遺跡からネコの骨が出土したことから、ネコの飼育はすでに弥生時代から始まっていたと考えられています。また、ネコを飼う文化は中国からも伝わって、奈良時代の権力者の間で飼育が始まっていたことが古文書から読み取られています。そして、中世末期の安土桃山時代にはネズミ対策としてネコの放し飼いが奨励され、綱吉の「生類憐みの令」のときに定着しました。その結果、ノラネコは増えますが、日常生活、農業、養蚕、文書の保存など、なににでも害をもたらすネズミの天敵として、やはりネコは大事にされました。明治に入ると、庶民の飼う愛玩動物としての地位も高まります。ネコの場合は狂犬病や人間を襲う危険度が低いので、現在でも放し飼いが続いています。この自由気ままなハンターが希少種にとって大きなリスクになっている事実が確認されたことで、現在では世界中で問題視されています。

現代のペットブーム

ＷＷＦジャパンのウェブサイトをのぞいてみてください。野生動物の取引は国際的に拡大しており、二〇一九年時点で、地球上に生息する陸生の脊椎動物の約二四パーセント、七〇〇〇種以上が国際取引の対象となっています。生きた動植物の他に加工品を含めれば、野生生物の国際取引額は過去一四年間で五倍以上に増え、二〇一九年には約一一兆円に達しています。この状況は明らかにグローバリズムの産物です。一九九〇年代にネット社会に突入すると、弊害の議論など後回しにしたまま、子どもから老人まで端末としてのスマホが人々の日常に浸透しました。多様なＳＮＳやアプリの登場も安易さを助長して、お金が用意できればスマホの中で売買が完結します。さらに海外のめずらしい野生動物でさえ、発達した流通網を介して速やかに簡単に手に入ります。

残念なことですが、この問題は世界の経済格差に深く関係しています。めずらしい動物、希少性の高い動物が生き残っている地域に暮らす人々はたいてい貧しいので、わずかな金を渡して動物を捕まえさせ、買い手には希少動物だからと高い金を振り込ませ、すぐに梱包して流通に乗せれば終わりです。そんな理不尽な搾取が人間社会の現実です。農作物、木材、宝石や鉱物資源の採掘現場でも、あるいはプラスチック廃棄物を途上国に押しつけることでさえ、すべては人類がやめられない搾取であり、はるか昔から存在する人間の本性です。

日本が野生動物の輸入大国であることは国際的に知られて批判の目にさらされていますが、日本のメディアは取り上げないので、ほとんどの日本人は知りません。WWFジャパンの調べでは二〇二一年の輸入量は推定四〇万頭に達しており、哺乳類に限らず、クモ類、鳥類、魚類、昆虫類、カエルやサンショウウオのような両生類、ヘビやワニのような爬虫類まで、種類はとても多く、なんでも簡単に手に入る流通システムができあがって、希少性の高いめずらしい野生動物ほど高値で取引されて深刻な問題となっています。

経済産業省のウェブサイトを開けばペット産業の動向が掲載されています。そこには二〇一九年末に始まったコロナ禍でいっそう活発になっていることが示されています。ペットやペット用品の販売以外に、ペット保険、ペットの宿泊施設、ペット葬儀など、ペット産業の全体がじつに堅調な経済情勢にあります。コロナで家にこもる時間が増えたこと、この先も単身世帯が増え続けるとの予測の下に、安定産業としてとらえられています。これはこれでけっこうですが、この盛況を外来種問題の視点で眺めるなら頭を抱えてしまいます。

市場経済で需要が高まれば、その動物の原産国では乱獲が進み、絶滅リスクが高まります。持ち込まれた国では、逃げたり捨てられたりして野生化が進めば外来種問題やら感染症問題が発生します。その対処に莫大な予算がかかることなど、売買する人たちはおそらくまるで関心がないでしょう。飼い主がどんなに注意していても、ペットが逃げ出すリスクはともないます。さまざまな事情で飼えなくなれば、安易に捨てる人たちがいることも事実です。人口減少によって人々の目の届かない空間が増える日本の現状は、遺棄の動機につながるでしょう。外国から強引に連れ出された動物を、遠く離れた日本で「山にお帰り」なんてされたら、とんでもないことです。

流通の監視

海外の希少な動植物の流通を規制する国際的な取り決めがワシントン条約（ＣＩＴＥＳ：絶滅のおそれのある野生動植物の種の国際取引に関する条約）です。一九七二年の国連人間環境会議で発案され、一九七五年に発効されました。二〇二三年現在で一八三カ国およびＥＵが加盟しており、日本は一九八〇年に批准しました。象牙を加工してつくる日本の印鑑や装飾品、アジアに広がる中医学（漢方）など、動植物を利用する産業はたくさんあって、その伝統文化ともいえる業界との軋轢や国際的な流通網の進化のせいで、この条約の存在意義はますます大きくなっています。

条約によって流通が規制される動植物は付属書に記載され、およそ三年ごとに見直されて、現在は動物の約五九五〇種、植物の約三万二八〇〇種がリストされています。この条約にもとづいて、加盟国の空港や港湾で持ち込みや持ち出しの規制をアピールして監視を強化しつつ、国内での売買が規制されています。ただし水面下で密売が起きやすいことから、政府機関にとどまらず、ＴＲＡＦＦＩＣやＷＷＦといった多くの国際ＮＧＯ機関がサポートしています。

その他にも、古くから農林水産業に関する病気や保健衛生上で問題となる感染症を予防するために、国際獣疫事務局（ＷＯＡＨ：一九二四年成立）や国際植物防疫条約（ＩＰＰＣ：一九五一年成立）がつくられています。また、船のバランスをとるために取り込むバラスト水にプランクトンや細菌類を含む海洋生物が入り込んで、遠い国の近海で放出されて発生する問題に対応するバラスト水管理条約（二〇〇四年成立）も、外来種の持ち込み規制に関係しています。

国内法としては感染症などの対策として、植物防疫法（一九五〇年）、狂犬病予防法（一九五〇年）、家畜伝染病予防法（一九五一年）、水産資源保護法（一九五一年）、林業種苗法（一九七〇年）、感染症法（一九九八年）がつくられてきました。これらも外来種の持ち込み規制に関係しています。

ペットが外来動物になるとき

産業として集団飼育された動物ではなく、個人が飼っていた愛玩動物が外来動物になるとすれば、捨てられたり（遺棄）、逃げたり（逃走）した場合です。運よくその場所の環境に適応して、十分な食物を見つけ、ニッチを競合する在来動物ともうまくやることができれば、野生化に成功します。その先で繁殖に成功すれば、一〇年もすれば個体数が増えて人目につくようになります。

繁殖は雌雄の遭遇が前提です。産子数の少ない哺乳類が個体数を増やすには、繁殖機会を継続する必要があります。たんに妊娠中のメスが逃げたくらいでは、なかなか増えるものではありません。生まれたばかりの子どもは、在来の肉食動物、たとえばイタチ、テン、タヌキ、キツネ、カラス、フクロウ、その他の猛禽類、あるいはヘビに捕まることもあるでしょう。小型の哺乳類なら成獣だって食べられてしまいます。そんなリスクさえ回避して増え続けるとしたら、比較的近い場所で複数回の遺棄や逃走が発生していなくてはなりません。

彼らはマッチングアプリなんて使いませんが、糞尿の匂いなどを使って仲間がいることを知ることができます。そして、池、樹洞のある樹木、食物の実る木といった、その動物が生きるために必要とする特定の条件を探すうちに、仲間と遭遇する機会が生まれます。発情期であれば匂いがいっそうの効力を発揮して出会いの確率を高めます。

ペットが成獣になって獰猛になったとか、飽きたとか、なんらかの理由で飼えなくなったとき、都会に暮らす人たちが捨てに行く場所はある程度は限られます。人目につかないことが条件で、放された動物が生きていけそうな環境が選ばれるでしょう。近場の公園緑地、河川敷、裕福な人たちなら別荘地など、そんな場所が限られているほど、捨てられた動物どうしの遭遇の機会は高まります。もちろん、すでに個体数が増えている空間であれば、どこに捨てようが、どこで逃げ出そうが、野生化した仲間に出会う確率は高く、繁殖の機会も高まります。情報のはじまりから数十年で日本中に分布を広げたアライグマの実態がそのことをよく表しています。外来生物法で強くアピールされている「入れない、捨てない、拡げない」の三原則は、こんな事態になることを避けたいからです。

アライグマ

タヌキのようにずんぐりした体形にもかかわらず電線を伝って移動する軽やかさ、都市空間にも平然と入り込んで住宅の屋根裏に巣くう大胆さなど、予想を裏切る生態と分布拡大のスピードの速さ、対策のやっかいさにおいて、本土部に侵入した外来哺乳類の中でもアライグマは別格です。加えて生態系や農作物などへの被害、感染症の運び屋としての危険性も大きい動物です。アライグマに関しては、『日本の外来哺乳類』（二〇一一年）の中で阿部豪さんによって紹介されています。すでに問題が大きくなっているので、ネットで検索すれば、国や自治体だけでなく民間の情報もあふれています。

日本には北米原産のアライグマと、同属で中南米原産のカニクイアライグマが混ざって持ち込まれた可能性があると考えられています。すでに一九九八年の段階で日本哺乳類学会がアライグマの駆除を求める大会決議をしており、日本生態学会も「日本の侵略的外来種ワースト一〇〇」に入れて危険性をアピールしています。そのこともあって二〇〇四年に外来生物法ができたときには、真っ先に「特定外来生物」に指定されました。これによってアライグマ全種の輸入、飼育、譲渡は禁止されましたが、そのタイミングは一〇年ほど遅かったかもしれません。アライグマの分布はどんどん広がり、今では沖縄県も含めて全国すべての都道府県で確認され、東京二三区内のような都心部の住宅地でさえ平然と出没しています。そのため、現在では「生態系被害防止外来種リスト」の中で、総合対策外来種の「緊急対策外来種」とされています。

アライグマは雑食性で、哺乳類から昆虫類まで口に入る動物ならなんでも食べますから、在来動物にとっては脅威です。手先が器用で木に登って鳥の巣の卵や雛を襲います。泳ぎも得意ですから、限られた環境でなんとか生き残ってきた希少動物などは確実に息の根を止められてしまいます。もちろん、家禽、養殖魚、ペットのイヌやネコまで襲い、ペットフードまで奪って食べます。農作物や生ごみも利用するので、どこでも食物を得られるため困ることがありません。市街地では電線を伝い、ちょっとした隙間から住宅の屋根裏に入り込みます。本来、樹洞などで休眠して越冬するのですが、暖房のきく建物の屋根裏が快適であることを知ったとたんに陣取って、天井から壁まで糞尿で汚します。そこで生まれた子どもはそれを習慣化していきます。警戒しなくてはならないのは狂犬病やアライグマ回虫といった死に至る病気を含む人獣共通感染症の媒介者であることです。

環境省が二〇一一（平成二三）年に作成して改定を重ねてきた「アライグマ防除の手引き（計画的な防除の進め方）」をウェブサイトで開けば、その生態、問題点、対策の要点などを読むことができます。また、各自治体の「アライグマ防除実施計画」の最新情報からは、それぞれの地域の事情も読み取れます。それらを見る限り、技術的な課題に対処する方法はずいぶん進んできました。にもかかわらず各地の対策は遅々として進まず、分布はどんどん広がっています。一九九〇年代までは、北海道の札幌周辺、本州の愛知県と岐阜県にまとまった分布域があるほかは、本州の岩手県から岡山県にかけての七府県で散発的な情報が出ているだけだったのですが、二〇〇六年段階で、四国、九州を含む全国三六都道府県で情報が得られるほどに急拡大して、現在では沖縄県にまで入り込みました。その理由はどこにあるか、そのことを整理してかかることが重要です。アライグマ問題には、日本の外来動物対策の課題が集約されています。

アライグマ対策

問題のタネは、最初の野生化から外来生物法が施行された二〇〇五年までの、半世紀近い期間のうちにすでに拡散してしまったといえるかもしれません。

日本での野生化は一九六二年に愛知県犬山市の動物園から逃げたことに始まります。やがて隣接する岐阜県可児市で野生化が確認されたとき、市のシンボルとされて、捕獲した個体を増やして放す人たちまで現れました。一九七〇年代末に『あらいぐまラスカル』というアニメがテレビ放映されると、アライグマを飼育する人たちが増えました。ところが、幼獣のうちは愛らしいのですが、成獣になると獰猛になるので、飼えなくなった人たちが放してしまいます。また手先が非常に器用で、簡易な飼育檻なら内側から鍵をはずして逃げてしまいます。そんなことが頻繁に起きていたに違いありません。「特定外来生物」に指定された後は、殺されるくらいなら逃がしてやろうと遺棄した人たちがたくさんいたと考えられます。

本土部は島のような閉鎖系ではないので、野生化の始まる起点が増えるほど、分布は点から面へと広がり、現在の全国的な分布につながったと考えられます。たくましい適応力を示すアライグマの被害に対処する人間の側は、初めは生態情報が十分ではないので効果的な戦略が立てられなかったこともありますが、その愛くるしい容姿のせいで、駆除という処置に対して一般の市民から抵抗を受けやすく、行政担当者にとってストレスとなったことも対策の遅れにつながったと考えられます。

今世紀の日本では、イノシシ、シカ、クマ、サル、カモシカなど、在来の大型野生動物が全国的に分布を拡大して、市街地にまで入り込んでさまざまな問題を起こしています。自治体ではそちらの対処のほうが優先して、外来種の問題は後回しにされる傾向にあります。鳥獣問題といえばドバトやカラスくらいだった都市部の自治体では鳥獣行政の体制が整っておらず、スキルも十分でないことが判断の遅れにつながったかもしれません。行政担当者の意志が働かなければ、対策予算も確保されません。

やっかいな外来動物であるからこそ、外来サルや外来リスの先行モデルに見られるように、複数の関係機関の協働、住民を交えた合意形成、実行可能な計画づくり、成果が読み取れるモニタリング、実行体制の配備、そして必要な予算の確保、こうしたことが積極的に進められなくてはなりません。すでに分布が広がっている以上、範囲を区切って獲りつくしていくような戦略を立てる必要があります。

輸入される小型哺乳類

飼育の手軽さから小型の齧歯類もペットとして人気が高いのですが、なかには逃走して野生化に成功する動物がいます。たとえば背中に針を持つモグラのようなハリネズミ類は、ヨーロッパ、アジア、インド、アフリカなどに五属一六種が広く自然分布しています。かつて無脊椎動物の天敵としてハリネズミを導入したニュージーランドでは、在来の鳥類、小型哺乳類、昆虫類を捕食して外来種問題を起こしています。日本では、神奈川県小田原市と静岡県伊東市で早くから定着が確認されているほか、岩手、長野、富山、栃木の各県でも目撃や捕獲の事例が出ています。その生息実態をつかむのはむずかしい対象です。硬く鋭い毛で覆われているので、肉食動物の捕食を免れながら分布を広げている可能性があります。日本では属単位で外来生物法の「特定外来生物」に指定されて、輸入が禁止されています。二〇一五年には、「生態系被害防止外来種リスト」の総合対策外来種の「重点対策外来種」とされました。

その他にも「生態系被害防止外来種リスト」の「定着予防外来種」として警戒されている小型哺乳類

に、フクロギツネ、タイリクモモンガ、トウブハイイロリス、フィンレイソンリス、フェレットがいます。フェレット以外はすべて「特定外来生物」で、ペット目的の輸入は禁止されています。フェレットはヨーロッパの野生種であるヨーロッパケナガイタチが品種改良されて家畜化された動物です。イエネコと同じように本来の野生動物ではありません。三〇〇〇年前にはすでに飼育されていたと考えられており、家畜化の目的は毛皮の採取、ペット、実験動物、あるいは穴にこもるウサギやネズミを追い出す猟にフェレットを使うことがあったそうです。人間によく懐くのでペットとして人気があり、現在、世界各地に大規模な飼育場が存在します。ニュージーランドではウサギの天敵として導入したフェレットによって在来の鳥類が激減して、問題となっています。日本では今のところ確かな情報はありませんが、野生化・定着の確認はむずかしいので警戒されています。北海道では「北海道動物の愛護及び管理に関する条例」で「特定移入動物」に指定して、届出義務を課しています。

その他にもペットとして人気の高い動物として、品種改良された小型ウサギ、キヌゲネズミ科のハムスターの仲間、実験動物用に改良されたハツカネズミからつくられたマウス、ヤマネの仲間など、いろいろな齧歯類がたくさん輸入されています。今のところ「生態系被害防止外来種リスト」への記載はありませんが、どれも個人の飼育下であれば逃げ出す可能性はとても高いものです。もちろん野外に出れば、ヘビや肉食性哺乳類、カラス、フクロウといった肉食性鳥類によって捕食される確率は高いとは思いますが、繁殖力が強く、逃げ隠れすることのうまい種ならば、野生化定着も不可能とはいいきれません。

狩猟の獲物を放つ

はるか昔から道具や材料として毛皮や角や骨を利用していた人間は、いかにして獲物を捕まえるかということを考え続け、技術を洗練させてきました。農業を始め、家畜を飼い始めてからも野生動物の肉や毛皮はずっと生活の中心でしたから、人口が増え、森林が農地や牧野に代わり、狩猟が過度になれば野生動物は減っていきます。そうなると人間は自らの猟場の獲物を増やすことにも熱心になりました。

現場感覚で生態系の理屈を理解する猟師なら、天敵を減らしたり、環境を整えたりして繁殖を促す努力をしたでしょう。一方、権力ある者は他所からめずらしい獲物を連れてきて放しました。ヨーロッパの王侯貴族は自らの所有する猟場の獲物を増やすために、異国から美しい角を持つシカなど、めずらしい動物を持ち込むことに熱心でした。その結果、たとえばイギリスにはニホンジカやキョンといった、いろいろな外来動物が定着しています。日本でも、江戸時代の将軍や大名は自らの猟場で鷹狩の獲物を増やすことに熱心でした。明治期に毛皮獣の乱獲が進んだときは、富裕層の独占的な猟場として法的に猟区制度をつくって獲物を絶やさないようにしました。

たとえば、ヨーロッパに生息するアカシカは、オーストラリア、ニュージーランド、パタゴニア、アルゼンチンなどに持ち込まれて定着していますが、日本にも持ち込まれた記録があります。かつて栃木県日光にあった天皇家の御猟場では、一八八七（明治二〇）年から一四年間にわたってドイツから取り寄せたアカシカが飼育されていました。そして、御猟場の閉鎖の機会に日光山中に二〇頭ほどが放たれたことを、旧・林野庁林業試験場に在籍した、日本のワイルドライフ・マネジメントの草分けでもある池田真次郎さんと飯村武さんが記録しており、ウェブサイトで読むことができます。興味深いことは、当時の担当官がニホンジカとの交雑を気にして、より遠くに放せと指示していることです。シカが何キロメートルも移動するなんて生態的思考など、まるで理解されていなかった時代のことでした。実際、ニホンジカが獲物として好まれた欧米では、近縁の野生アカシカが分布するスコットランドで交雑問題が浮上しています。

鳥類でも同様の問題があり、日本では昭和の初期のころから外国産のキジの仲間（コジュケイ、テッケイ、コリンウズラ、コウライキジなど）が、狩猟の対象として長年にわたって放されてきました。そして、コウライキジと国鳥に指定されている日本在来のキジとの間に交雑問題が起きています。自らの猟場の獲物を維持する習慣は、鷹狩などを楽しむ将軍や大名など富裕層の特権として古くから行われてきましたから、欧米伝来の文化というわけではありません。狩猟者にとって獲物を増やすことは、洋の東西を問わずごく普通のことです。外来生物法が整備された現在、鳥獣法の文言上では外来種の放鳥は禁止され、生態系への影響、鳥インフルエンザや地域間交雑の問題に配慮するよう書かれているのですが、猟期前の放鳥の習慣は引き継がれています。

ノブタ・イノブタ

狩猟の獲物としてのイノシシ、家畜のブタ由来のノブタ、その交雑種のイノブタが、ユーラシア大陸以外の場所に持ち込まれて、現在では、北米、中南米、南アフリカ、オーストラリア、ニュージーランド、ハワイ、フィジー、ガラパゴスなど、地球上の広い範囲に分布しており、植物や小動物を食べながら増殖して生態系に強い影響を与えています。そのため、ヨーロッパイノシシという名称で「世界の侵略的外来種ワースト一〇〇」にリストされています。

およそ一万年前あたりにユーラシア大陸に広く分布するイノシシを起源に家畜のブタが誕生して、ヨーロッパからアジアにかけて広がりました。その飼育はルーズだったので、ブタがそのまま野生化してしまうとか、イノシシと交雑してしまうといったことは頻繁に起きたでしょう。イノブタの起源は相当に古いものだと考えられます。

日本では、和歌山県の畜産試験場で一九七〇年に公式にイノブタの生産が始まりました。実態は不明ながら、イノシシと家畜のブタを交配させると繁殖力が強くなるとか、肉の味がおいしくなるといった理由をつけて、交配種のイノブタをつくって野外に放したという情報は各地でよく耳にしたものです。野生のイノシシが生息していない北海道では、足寄町で始まったイノブタ生産を起源に、畜舎から逃げたイノブタが野生化しています。

すでに紹介したように、小笠原諸島の弟島に持ち込まれて根絶されたノブタのことや、奄美群島や琉球諸島に持ち込まれたニホンイノシシやノブタと在来のリュウキュウイノシシとの間に交雑問題が浮上していることから、「日本の侵略的外来種ワースト一〇〇」にはイノブタとしてリストされています。また、「生態系被害外来種リスト」ではノブタ・イノブタとして「国外由来の重点対策外来種」に、島嶼部のニホンイノシシは「国内由来の重点対策外来種」とされています。

狩猟とノイヌ

ネコと同じようにイヌでも、人間に飼われているイヌ（飼いイヌ）の他に、飼い主の下を離れて人里に依存して生きるノライヌ（野良犬）、そして完全に人間との関係を離れて野生動物として山間部で生きるノイヌ（野犬）に区分されます。街中を徘徊して人間に脅威を与えるノライヌは、戦後に狂犬病予防法が誕生したときに保健所に捕獲されてほぼいなくなりました。ノイヌは鳥獣法で「狩猟獣」に指定されています。かつてイヌを食べた時代があったとはいえ、ノイヌを獲物として求めているわけではなく、狩猟の獲物を襲ったり、くくりワナにかかったりするノイヌの群れを猟場から排除することがノイヌを狩猟獣化した本来の理由でしょう。

ノイヌが誕生する原因は、わざわざ山にイヌを捨てにくるケースもありますが、狩猟が原因である場合も多いのです。猟犬を使って獲物を追い出す猟法は、地形が複雑で急峻な日本の山ではじつに効率のよい猟法であり、とくに雪が少なくササ藪の多い西日本でさかんになりました。よく吠えて、銃を構える猟師の前へと獲物を誘導するイヌ、崖などの特定の場所に獲物を追い詰め、あまり吠えずに猟師がくるまでとどめ置くことのできるイヌ、キジやヤマドリを追い出す鳥猟に適したイヌなど、用途に応じて品種を生み出したり、鍛えたりすることが狩猟の楽しみの一つです。

ところが、放された猟犬が獲物を追って遠くの山まで行ってしまい、飼い主のもとに戻れなくなることがよくあります。そんなとき、飼い主の猟師は泣きそうな顔をして毎日のように探しまわるのですが、それでも戻らないイヌは猟では使えないばかイヌとして捨てられます。もしも彼らが獲物を襲って生きぬくことができたならノイヌのはじまりです。彼らは山中で仲間に出会えば、もとはオオカミですから群れをつくり繁殖を重ねます。彼らの間に生まれたイヌは首輪もマイクロチップもつけていません。まさに野生動物です。ひとりで山に入って調査をしているときにノイヌの群れに囲まれたなら、それはもう緊張したものです。

現在のノイヌの実態はわかりませんが、狩猟との関係がなくとも、人口減少で人々の消えた山に捨てられたノイヌが増えていく可能性はあるでしょう。奄美大島でアマミノクロウサギが捕食されていたように、希少種を捕食する可能性もあります。狂犬病などの感染症を媒介する可能性もあります。そんな理由から、国の「生態系被害防止外来種リスト」では、ノイヌとして「国外由来の重点対策外来種」とされています。

生命の扱いの混沌

そもそも野生動物に神を感じながら、それを獲って食べ、毛皮をまとい、角や骨を道具として使い、さらには家畜化までやってのけたプロセスは、動物としての人間、あるいは知恵を持った動物の内なる野性と知性のせめぎあいです。その心の矛盾の落ち着け先は神から授けられたとする理屈でした。

一〇万年以上も前に近づいてくるオオカミを身近に感じて動物を飼うことを始め、それ以来、役に立つ相棒として野生動物を家畜化する技術を進化させました。運命共同体として動物と生きるうちに愛情が芽生えることは普通にあったでしょう。生活に余裕が生まれると、触れ合い愛でるための飼育まで始めました。使役や資源を得ること以外の目的で飼う動物のことを一般にペット（愛玩動物）と呼びます。家族の一員として受け入れている動物をペットと呼ぶことに抵抗のある人たちは、コンパニオン・アニマル（伴侶動物）という言葉を使ったりします。業界的にはエキゾチック・アニマル（異国の動物）という呼称が使われたりしますが、そんなことはただの言葉のお遊びです。すでに人間は栄養を摂取するための大量の家畜の殺生のことはだれかにまかせて、知らないふりをする社会システムをつくりあげています。神の赦しを得たとの説明さえ耳にすることもありません。

とはいえ、人間という知恵を持った動物の内なる葛藤がおさまることはなく、近代に始まった資本主義が極端な獲りつくしと野放図な環境破壊を推し進めたとき、そのことへの違和感と反発が、自然保護（環境保全）、動物保護（資源保護）、動物愛護といった思想をさまざま生み出して現代につながっています。同時に博物学が進み、自然科学が複数の学問体系へとすそ野を広げると、生物学が遺伝学や生態学へと広く深く発展しました。やがて危機感とともに地球環境保全の思想が深まると、生物多様性保全の思想が生まれました。それは消えていくものへの危機感、ひょっとすると、自らの立脚点すら消えてしまうと恐れているかのように、多様な言語、多様な民俗知など、絶滅に瀕する文化の多様性保全とシンクロしながら、二一世紀の人類はダイバーシティ（多様性）にこだわります。

興味深いことは、遺伝子、種、生態系、それぞれの段階の多様性の保全にたどりついた生物多様性保全の思想と動物の命を尊重する思想との間で、相変わらず整理がついていないことです。そのため、現実の社会では生物多様性を護るために外来種の命を奪うことへの批判や抵抗はけっこう大きいのです。それが外来種対策の足をひっぱります。おまけに、遺伝子操作によって新たな生命体を生み出す技術まで手にした現在、私たちはなにをもって「自然」あるいは生物多様性とするのか。その答えすら混沌としてきました。

第4章　正しい選択

1　ニュー・ワイルド論

問題解決につなぐ議論

気候変動が生み出す極端な気象現象、海の温暖化や酸性化、プラスチック汚染、化学物質や核物質による汚染、水や食料の枯渇、エネルギー不足、生物多様性の危機など、今世紀に入って急速に身近になった地球環境問題は、八〇億人を超えた人類の長年にわたる廃棄物の蓄積によるものです。核実験によって破壊神ゴジラが生まれた物語を思い出します。ゴジラ映画の誕生は一九五四年ですから、人新世のはじまりとされる時期と重なります。まさに警告でした。

廃棄物の多くは先進国によるものですが、どれもみな人間の役に立ってきたものの痕跡であることは皮肉な話です。これらが複雑に絡み合って人類を絶滅へと追いつめる現状を変えるには、国際的にも国内的にも協調や協働が欠かせません。そして、問題を解決へと導くのは政治という社会システムによる選択です。そこでは市民による選択こそ民主社会の理想とされますが、賢明な正しい道へと進むには、相応の市民の成熟が前提です。外来種の問題も同じです。第4章では、賢明な外来種対策へと導いてくれる思想（考え方）について考えます。

消費者に物を使い捨てさせて新たに買わせる、およそリサイクル思想とはほど遠い生活をためらいもなく享受していた高度経済成長期の日本人は、自然は無限に広がっていて、目に見えないところですべてを無にしてくれると無意識に信じていたようなところがあります。人目につかない森の中や川べりに習慣的にごみを捨てる人たちが、全国のあちこちにけっこういました。まるで腐って分解されて消えてしまう木や竹でつくった物を捨てるように、プラスチック製品や大型の電化製品、なかには車まで、わざわざ山の中に運んで捨てていました。その、いつまでも野ざらしになっている残骸のあまりのひどさに、最終的に自治体が片づけたところもあります。今なら不法投棄で罰せられます。

廃品回収のシステムが普及してからも、たとえば集めたプラスチックを自分たちには見えない遠い国に運んで捨てているのですから、心根は変わっていません。公害と呼ばれる人体に有毒な化学物質の垂れ流しも、同じような感覚でやってきたのだと思います。そんな野放図な廃棄を世界規模でためらいなく続けていた時代が二〇世紀です。それらが地球規模であふれて問題を起こしていることに気がついて、あわてているのが二一世紀の現在です。

問題を深刻に受け止めた世界の研究者たちが解決の方法を議論して、政策論につなぎ、条約が生まれ、科学データを積み上げて修正を続ける現状は感動的ですらありますが、取り決めた国際ルールを地球上のそれぞれの現場で具体化するには、加盟国は自国の政治を動かさなくてはなりません。もしも、ある国の政府が条約の思想に異論があれば、条約に加盟しないという選択をします。たとえば、自国の企業利益を優先するアメリカ政府は、いまだに生物多様性条約に加盟していません。その選択をするアメリカ政府の思想は、生物多様性条約の成立に尽力したアメリカの科学者やNGOの思想とは違います。このことが重要な点です。これを修正するのはアメリカ市民による賢明な政治選択しかありません。

外来種対策についても世界にはいろいろな思想が提起されています。一九五八年にエルトンが書いた『侵略の生態学』によって外来種問題が注目され、数十年後に誕生した生物多様性条約の第八条「生息域内保全」の項には、「(h) 生態系、生息地若しくは種を脅かす外来種の導入を防止し又はそのような外来種を制御し若しくは撲滅すること」と明確に書かれました。これが現時点の国際合意です。ところが、この思想とは異なる主張も登場します。外来種を除去して持ち込まれる前の生態系に戻そうとする考えを否定する主張です。それは、保全生物学(conservation biology)という学問分野が活発になり、新たな知見が蓄積されたことや、多くの国で始まった外来種対策の取り組みの効果や限界、その影響が見えてきたことによります。

身近に手に入る翻訳書を読むだけでも、これらの思想や世界の外来種問題の現在を知ることができます。そして、その異論反論に思わずうーんと頭を抱えてしまいます。思想が違えば外来種の見方や取り扱いも変わります。

ピアスの「ニュー・ワイルド」論

フレッド・ピアスさんというイギリスの環境ジャーナリストが書いた本の題名が"The New Wild"です。二〇一五年に出版され、『外来種は本当に悪者か？』とのタイトルで日本語版（二〇一九年）が出版されています。外来種はほんとうに排除すべき悪者なのかとの問いを立て、膨大な量の文献に目を通し、何度も現場取材を行い、さまざまな生態学者の説や世界各地で実施されている外来種対策の成功や失敗の試みを紹介したうえで、外来種も含めた新たな生態系（new wild）を受け入れるべきだと結論しています。

これは生物多様性条約を推進する思想とはやや異なります。もちろん自然の保護という目指すところは同じですが、そのアプローチが違います。そして、外来種の排除にこだわる厳格な環境保全論者が過去のある時点の生態系へと回帰させようとすることに着目して、一つずつ課題を設定しながら、それには無理があると論破していきます。両者の違いのポイントはつねに変化している生態系のとらえ方にあります。

二一世紀の現在、このことを否定する科学者はいません。もしも過去のある時点の状態、できれば人間が手をつける前の原生自然（wilderness）の状態に戻すことを目指した場合、かりにどこか特定の場所で戻せたとしても、その自然を維持するためにはずっと人間による管理が必要となります。それは管理者の自己満足によるテーマパークであって、本来の「自然」ではないとピアスさんはいいます。人間による強引な土地の切り拓きや改変によって自然が減ったこと、種数が減ってきたことは事実だけれど、すでに地球上のほとんどの土地は人間による手が加わっているという現実を認めて、昔の自然を取り戻すことにコストをかけるより、新しく生まれた生態系を受け入れて、新たな自然を維持していくことを考えようといっています。

加えて、手つかずの自然でなくとも、自然はたくましい回復力を持っていることを理解すべきだともいっています。人新世の現代社会では、この先、気候も景観も大きく変動していくことは避けられないのだから、古い生態系のままいつまでもいられるはずがない。そんな現実を受け入れて、たとえ外来種であっても変化に耐えられる種の存在こそが必要だと続けます。変化した場所に新たな種が入り込み、生物の種数が増えていくことで生物多様性は回復する。最初に入り込んでくる種の中には在来種がいるとはいえ、定着して繁栄を始める種の多くは外来種であるという事実を受け入れて、かつての古い生態系ではなく、外来種を含む新しい生態系を認めようといっています。要するに、復活しそうもない原生自然（wilderness）より、新しい自然（new wild）にこそ活路があるという主張です。

トマスの「地球の後継者」論

ピアスさんが取材した生態学者のひとりであるイギリスのクリス・トマスさんが、二〇一七年に出版した本が“Inheritors of the Earth”です。『なぜわれわれは外来生物を受け入れる必要があるのか』というタイトルで日本語版（二〇一八年）も出版されています。とても考えさせられるぐっとくる本ですが、ときどき頭が混乱して、とまどいつつ何度も読み返すうちに、自然保護への深い洞察に気がつきます。とはいえこの本は、外来種問題に熱心に取り組む人たちの心をざわつかせるでしょう。

すべては序文に集約されています。地球の生命の物語は、ある場所における種の到達と消滅という「生態学的変化」と、何万年という時間軸でとらえた新しい種の登場と絶滅という「進化学的変化」の、両面でとらえるべき変化の物語であるとして話が進んでいきます。そのうえで、現存する種とそこから進化する新たな種こそが、未来のあらゆる生態系を組み立てる基本単位なのだから、できるだけ多くの種を生かしておくことを自然保護の第一の目標とするべきだと主張します。そこでは外来種と在来種を区別しません。そして、ある時点で種が消えていくことを悲観的にとらえる必要はないというのです。

もう一つ、人間は自然から切り離された特別の存在ではなくて、自然の一部なのだということを真に理解してかかれともいっています。これはとても重要な指摘です。多くの種を絶滅させ、環境を改変し、化学物質をばらまいて気候変動を起こしたことも、「すべては自然の一部である人間が進化の過程で起こした出来事である」との認識に立つということです。要するにすべては自然の変化にすぎないというのです。つけ加えるなら、たとえ人間が絶滅しても、地球上の自然あるいは生態系は相変わらず変化を続けていくという前提で物事を考えろということでしょう。

そんな視点で考えるなら、何万年という時間を通して生物の分布はつねに変化してきたのだから、たとえ自然の一部である人間が関与して移動させた外来種であっても排除する理由は見あたらないというのです。ある種が新たな土地へと進出し、運よくその環境に適応して繁栄できたことを否定する理由はない。すでに温暖化の加速は避けられず、この先も、極端な旱魃、大規模な山火事や洪水によってそれぞれの場所の環境条件は変化する。当然、生物は移動したり、移動できずに絶滅したりする。もしもある種が、過去のどこかの時点で人間が他所の場所に運んだことで、定着に成功して絶滅が回避されるのなら、それを否定する理由はないともいっています。じつは、絶滅に瀕した種を存続させるために別の場所へ移動させることは、保護の手段としてときどき人間が行ってきたことです。このことと外来種の移動を区別する理由を考えるのはむずかしいものです。

持ち込まれた外来種と在来種の交雑についても、生命進化の途上にあることを考えれば、別の種が生まれてくることはなにも悪いことではないとトマスさんは断言します。成功して生き残っていく種とは、病気に対する抵抗性や捕食者を避ける能力を持っており、死んでいく数を補うだけの繁殖力を持っているものだ。もしも新しい遺伝子型が出現して、遺伝的適応度が増すのであれば、雑種形成は地球の生命の歴史そのものであって、現在でも未来においても不可欠の要素であるといっています。そして、すべての生物は純粋であるべきだとする遺伝的純粋性にこだわる態度は生物学的には意味をなさない。それを人間が管理できると考えること自体がばかげていると書いています。

トムソンの「外来種の善悪」論

もう一つ、ケン・トムソンさんというイギリスの生物学者が二〇一四年に書いた"Where Do Camels Belong?: The Story and Science of Invasive Species"という本があります。『外来種のウソ・ホントを科学する』というタイトルで日本語版（二〇一七年）が出版されており、トマスさんと同じように外来種を悪者に固定する考えに対して科学的な検証とともに異を唱えます。また、生物多様性条約の作業を通して外来生物が生物多様性の第二の脅威とされてしまったことは明らかなまちがいであると、条約を推進する保全生物学者の思想に反論しています。とはいえ、世界の各地で行われている外来種の排除や新たな侵入防止の取り組みをすべて否定しているわけではありません。すでに入り込んだ外来種については、それがもたらす恩恵や害について十分に見極めて、優先順位を決めて対策に取り組もうじゃないかと、まことに現実的な提案をしています。

トムソンさんによれば、外来種を敵視する保全生物学者がやたらと気にする生物多様性とは、在来種だけの多様性として固定的に定義してしまっており、その在来性の定義すら人間の都合で変わることも問題だといっています。そんな定義の下では外来種は端から必要ないものとされて、外来種が多様性を増やすことすら認めないことになる。このことは地球の生命の歴史を振り返ればありえないことで、そこに外来種がすべて悪者にされる科学的根拠はないと断言します。

そして、現在の生態学にはいまだに理解できていないことのほうが多くて、外来種の侵入が生物多様性を損ない、生態系の機能を失わせているという証拠は見つからないと謙虚にいっています。生態系の変化についても、たんに表面的な新たな種の組み合わせとか、種間の相互作用から生じる変化といったことだけでなく、もっと深いところの変化をとらえます。歴史を振り返れば、新たな土地で外来種も進化して、進化と交雑によって新種が生まれてきたのであって、そんなふうに複雑な変化を続ける生態系を、どこかの時点の固定した生態系に戻すなどということは、ほぼ不可能だといっています。

そして、根絶を目指す駆除にはコストがかかるのだから、「しなければよかった導入」と同様に「しなければよかった駆除」もある。外来種の駆除が複雑で予見できない結果をもたらすことも多く、外来種が生み出す多額の損失より駆除のほうが高くつくこともあるのだから、外来種から人々が受けてきた利益と被害の両面を十分に見極めて、対策の優先順位を選択しようではないかと書いています。

最後に、人間のせいで生物圏が完全に改変されてしまった以上、外来生物の拡大が引き起こす問題など小さなものであり、そんな世界で人間が入り込むより前の黄金時代に戻せるなどとする考えは、早く捨てたほうがよいといっています。

マリスの「自然のつくり方」論

トムソンさんがそんなことを書く前の二〇一一年に、エマ・マリスさんというアメリカの科学ジャーナリストが"RAMBUNCTIOUS GARDEN"という本を書いています。『「自然」という幻想』というタイトルで日本語版（二〇一八年）も出版されています。生態系という相手はあまりに複雑で深遠であるために、科学的な真の理解はなかなか得られません。自然保護に取り組む人々の間にもさまざまな思想があって、生物学者の間でも意見が一致しているわけではありません。この本はそれらの思想の来歴をたどり、わかりやすく整理してくれています。

たとえば初期の植物生態学の大御所であるクレメンツが提案した遷移理論のように、極相に達した生態系は変化をしないとか、人間の手の入った自然は自然として認めないといった、今では否定されている考えが、多分に誤解を含みつついまだに自然保護に大きな影響を残していること。アメリカ人が"mother park"（母なる公園）と呼ぶイエローストーン国立公園に象徴されるイエローストーン・モデル、その原生自然（wilderness）崇拝に傾倒する自然保護の流れが今日でも影響力を持っていること。あるいは、北米よりも長い歴史を通して、その地の自然が人間の影響を受け続けてきたヨーロッパでも、やはり原生自然にこだわって再野生化しようとする動きがあることなどを紹介しながら、マリスさんは疑問を呈します。

そして、手つかずの自然はもうないのだから、自然はつくりだしていくものだとする立場に立ちます。そこにも選択肢があって、自分たちの好む方向へといかにも恣意的な自然をつくりだすデザイナー生態系もあれば、できるだけ原生自然に近づけようと手をかける生態系もあるだろう。いずれも人間が手をかけてつくりだすという意味では、まったく「ガーデニング」だということです。そのうえでマリスさんは、あえて管理の手を入れずに、荒れるがまま放置する"rambunctious garden"（手つかずの庭）があってもよいだろうと提案します。

外来種問題についても、エルトン以来の外来種に関する思想の経緯を説明しながら、外来種を含む奇抜で新手な"novel ecosystem"（シン・生態系）を受け入れようといいます。その利点として、外来種と在来種は共進化しながら時間とともに落ち着いていくということや、在来種の回復に役立つことなど、生産性や多様性が上がる可能性についても触れています。

もはや限られた保全地域や原生自然にこだわる自然再生ではなくて、どんな背景を持っていようが、あらゆるところで自然を増やせばよいではないか。孤立してしまった種の絶滅を回避するためなら、つながりを確保するためにどんな土地でも回廊にしたらよいではないかといっています。この発想は二〇二二年の生物多様性条約締約国会議（ＣＯＰ15）で決まった「30ｂｙ30」の思想ともつながりを見出せます。とにかく、森林保護官の手厚い保護を必要とするような脆弱な生態系より、ほったらかされて育っていく新しい生態系のほうが、よりたくさんの進化の可能性をはらんでいるのであって、じつに野性的で自律的なシステムだというのです。

日本の外来種対策

これらの思想は、急激に変化を始めた地球環境の現実を前にすれば、いずれも生態系とうまくつきあっていくための多くの示唆を与えてくれます。とくに複雑な地形の中で、長い歴史を通して細かくモザイク状につくりかえられてきた日本列島の環境構造を思い浮かべるなら、マリスさんの主張はまったく違和感なく聞こえます。うまくいっているかどうかは別にして、生態系をつねに変化しているものとしてとらえる姿勢も含めて、私は、これらの思想と現在の日本の外来種対策との親和性はとても高いと思うのです。

日本の自然の中に少しでも分け入ったことがあるなら、原生自然（wilderness）を取り戻そうなんて想像はしないでしょう。したとしても社会的ムーブメントにはつながりません。そんな要素がわずかにでも残っている場所は、一九七二（昭和四七）年に環境庁の誕生とともにつくられた自然環境保全法によって、すでに「原生自然環境保全地域」や「自然環境保全地域」に指定されています。それですら、人間の気配を排除するとなるとわずかな面積しか確保できませんでした。そこにはバッファーさえ設定できずに、昭和時代には境界のすぐ外で合法的に森林伐採が行われていました。そんな複雑な土地利用の歴史を思い起こせば、人間の関わりを排除した原生自然に戻そうなんて夢を見る人たちはいないでしょう。その代わり自然再生という呼び方で自然をつくることには熱心です。それは庭づくりや盆栽づくりの伝統に馴染んでいるせいかもしれません。

外来種対策についても合理的な選択がされています。外来生物法の正式名称は「特定外来生物による生態系等に係る被害の防止に関する法律」であり、その目的には「特定外来生物による生態系等に係る被害を防止し、生物の多様性の確保、人の生命及び身体の保護並びに農林水産業の健全な発展に寄与することを通じて、国民生活の安定向上に資すること」と書かれています（傍点著者）。すなわち、この法律が着目しているのは、あくまで「害性」の管理であって、外来種をすべて排除するとはしていません。そして害をもたらす外来種を吟味して絞り込んだうえで、「特定外来生物」に指定して対処するという組み立てになっています。現在では、積み上げられていく情報にもとづいて「生態系被害防止外来種リスト（我が国の生態系等に被害を及ぼすおそれのある外来種リスト）」がつくられて、更新されています。

ここでいう被害の概念とは、あくまで人間が被る損害ということにつきます。たとえ「生態系の害」であっても、あくまで自然あるいは生態系が人間に提供してくれる恩恵への損害という意味であって、自然そのものへのダメージ、個々の生物種へのダメージということは、ただの現象面でしかありません。とはいえ高度経済成長期の開発一辺倒の昭和時代であったなら、自然が消えるということ以上のとらえ方はされなかったのですから、遺伝子のもたらす機能に気がついて、「自然は人間に恩恵を与えてくれる」との概念が生み出され、自然というものに経済的価値まで見出して、生物多様性保全の思想、生物多様性条約へとつなげてきた国際的な潮流に参加したことによって、自然の乱開発に具体性を持ってブレーキがかかったことは日本の環境史における重要なターニング・ポイントです。二一世紀の自然保護は根本的に変化しています。

指標としての種数論

生物多様性保全の方法論として、指標の一つに種数を用い、種数を減らさないことを目標に置くとする考え方があります。そこには単純なわかりやすさがありますが、多分に誤解を生む議論であることに注意が必要です。

たとえば熱帯雨林と氷に閉ざされた極地方や砂漠を比較すれば明らかなように、生態系の地理的な条件によって、そもそも、そこにすむ生物の種数は異なります。だからといって生物の種数が少ない生態系は劣るということではありません。それぞれの環境に適応した生物がすみ、それぞれに特徴ある遺伝子を持つので、かりに、温暖化によって地球上に種数の多い熱帯地域が広がったからといって、地球全体の生物の多様性が増えるということにはなりません。冷涼・寒冷な環境に適応していた種や遺伝子が滅んでしまうからです。

そんなことは前提にしてのことでしょうが、先にあげたトマスさんは、それぞれの条件の下で成立する生物多様性の中で、そこに存在するはずの種数が減らないこと、できれば増やす方向で配慮することを自然保護の第一の目標にすべしと主張します。もしも外来種の侵入によって在来種の種数が減るのなら、外来種の排除には意味がある。逆に種数が増えるのであれば、外来種を受け入れるべきだというのです。

たとえば海洋島であるとか、本土部の特殊な環境にのみすむ固有種のように、希少性が高くて絶滅の危険性がともなう在来種に対して、その生存を脅かす外来種が侵入したのなら、種数を減らさない視点で外来種を除去することには意味があるとします。種の固有性とは、進化の過程でその場所にだけ特異的に誕生した種であることを意味しています。他所には存在しないのですから固有種の保護は重視します。一方、広く分布するありふれた種で構成される生態系では、外来種が侵入して在来種のニッチを奪ったとしても、その在来種が別の場所にはたくさんいて、種として絶滅しないのであれば、外来種の侵入を容認すればよいというのです。

近年、進化学的な情報が積み上がり、新たな捕食者が持ち込まれると、餌食となる動物は時間をかけて逃げるとか隠れるといった抵抗性を進化させていくことがわかってきました。しばらく時間が経てば個体数が回復してくることもあります。ただし、小さな島の小規模の集団（個体群）の場合は、抵抗性を進化させる前に食べつくされて絶滅してしまう確率のほうが高くなります。この場合、外来種の排除が緊急性を帯びます。現代の外来種対策の判断の際には、こうしたきめ細かい配慮が求められます。

また、外来種による交雑の問題についても、トマスさんはこんなふうに考えます。種数論で対策の是非を考えるなら、ある場所に生息する在来種に対して近縁な外来種が入り込んだ場合、交雑によって固有種や固有亜種が絶滅してしまうのであれば、緊急に排除しなくてはならない。もしもその在来種が、どこか他の場所にも生存するのなら、新たな交雑種が増えることはむしろよいことだとして、遺伝子の適応度が増す可能性について受け入れるべきだというのです。

日本で行われている交雑問題への対処はこの考えに合致します。タイワンザルやアカゲザルなどの外来マカクザルとニホンザルとの交雑問題は、ニホンザルが日本列島の固有種であることを根拠に、外来マカクザルは緊急に排除すべき対象であると判断されています。固有亜種のヤクザルについても同様にとらえます。

論点の確認

ところで、ここで取り上げた外来種容認を提起する四つのニュー・ワイルド論は、外来種対策に反発する人々には歓迎されるでしょう。ところが、被害の排除を目的とするという点で、日本の現行の外来生物法の思想とこれらのニュー・ワイルド論との親和性は高いのです。したがって、外来種問題でときどき起こる対立の論点は、おそらく違うところにあります。

とくに外来動物、なかでも外来哺乳類の対策の際に起きる反対論の多くは、排除を目的として実行される殺処分に関するもので、命の扱いを重視する動物愛護の視点から提起されることが多いのです。その対立はときに混乱を招き、捕獲用のワナを勝手に閉めるとか壊すといった過激な行動に走ることもあって、対策を妨げます。しかし、生態系から排除することと、捕獲された外来動物を生かすか殺すかという議論は切り分けて考えるべきです。そのうえで、動物愛護の視点から議論すべき余地があることはまちがいではありません。

とくに議論の対象になりやすいペット由来の外来哺乳類の場合、野外から排除した後の対処には二つの選択肢があります。一つは、捕獲したら、その都度、殺処分していくこと。もう一つは、避妊処置をしたうえで、飼育下に置いて命を全うさせることです。このとき、第2章3節で紹介したネコのケースのように、TNRという、捕獲して、避妊して、野に放すという方法論も浮上しますが、生物多様性保全の観点からは、生態系に影響をおよぼす外来動物を再び野に放すという選択は容認されません。捕食性の強い動物ならなおさらです。

もしも捕獲した外来動物を飼育下に置くという選択をした場合、ネコで採用される里親探しという方法は別にして、具体的には、二度と逃亡することのできない完全な飼育施設をつくり、野外から持ち込んだすべての個体に避妊処置をして、動物愛護的な配慮とともに、命を全うするまで餌をやり続けるということです。それを実行するには長い年月にわたって億の単位の費用がかかります。それは国や自治体の負担となりますから、そのまま納税者の負担となります。したがって、これは納税者たる国民あるいは自治体住民が住民投票で決めるべきことなのです。もしも賛成多数になれば飼育体制を整えればよいことです。そして、反対論が多数であれば安楽殺という方法を選択します。かつてタイワンザル対策の際に和歌山県知事が行ったことは正しい選択です。

このように、法に明記された「生態系の害」を持ち込む外来種問題とは、税の使途に関わる公的な政治課題であって、解決の糸口を探るプロセスも情報公開を前提とします。陰でこっそり始末するとか、問題をうやむやにしたまま先送りして許されることではありません。

2　二一世紀の生物多様性を想像する

六度目の大絶滅論

四六億年の地球の歴史の中で五回の生物の大絶滅が起きたことが化石の分析から明らかになっていま

す。四億四三〇〇万年前のオルドビス紀、三億六〇〇〇万年前のデボン紀、二億五〇〇〇万年前のペルム紀、二億一〇〇〇万年前の三畳紀、六五〇〇万年前の白亜紀に、生物の多くが絶滅して入れ替わる、いわば生態系の大転換が起きました。大規模な火山噴火、氷河期のような地球全体の低温化、巨大隕石の衝突などが原因としてあがっています。そして、現在の地球は六度目の大絶滅期にあるとの学説が広まっています。エリザベス・コルバートさんという、ピューリッツァー賞をとったアメリカの科学ジャーナリストが、多くの研究者の話を聞いてまわり、二〇一四年に警告をこめて出版した“The Sixth Extinction: An Unnatural History”という本が国際社会の注目を集めました。翌年に『6度目の大絶滅』というタイトルで日本語版（二〇一五年）も出版されています。

一方、現代は「人新世（Anthropocene）」という新たな地質年代に入っているとの学説も世の中に広まりました。これはオゾン層破壊物質の発見でノーベル賞を受賞したパウル・クルッツェンさんという学者の造語です。現在は完新世の途上だったはずですが、人間が生み出した環境への影響が大きすぎて、なかでも温室効果ガスの割合が増えて大気の組成を変えてしまったことで、これから先の数千年にわたって世界の気候はそれ以前の状態からはずれていく。そんな予測とともに、もはや新たな地質年代として区分すべき現象であり、そのはじまりは一九五〇年代とする見解が受け入れられつつあります。「人新世」と名づけられたこの提案は六度目の生物大絶滅論と直結しています。まさに地球という生態系の中で人間という動物の一種が暴走してしまったことを意味しています。

もう一つ、日本語で地球の限界と訳された「プラネタリー・バウンダリー」という概念も提案されました。二〇〇九年、気候変動枠組み条約の温室効果ガス排出規制の国際合意が達成できず、関係者が頭を抱えていたころ、スウェーデンのヨハン・ロックストロームさんをはじめとする環境学者たちのグループが科学雑誌『ネイチャー』に発表した概念です。地球という惑星が人類にとって安全な空間であるための限界をいくつかの指標でとらえ、指標の推移を監視して危機を回避しようではないかとの提案です。人間でいえば血圧や血液検査のような、いわば地球の健康診断をしていこうではないかということです。この概念は二〇一五年の国連で採択されたＳＤＧｓにも反映されています。

まずは九つの地球システムを想定して、それぞれに指標を設け、安全であるための限界値を設定して現状を評価します。九つのシステムは次のように三つのグループに分けられています。①閾値が明確に定義されたグループ（気候変動、成層圏オゾン層の破壊、海洋の酸性化）、②緩やかな限界値を持つグループ（生物地球化学的循環、グローバルな淡水利用、土地利用の変化、生物圏の一体性）、③人類がつくりだした脅威のグループ（大気エアロゾルの負荷、新規化学物質）。

じつは、すでに二〇〇九年段階で、気候変動、生物圏の一体性、窒素・リンの生物地球化学的循環の三項目で限界値を超えており、最近の二〇二三年報告では、淡水利用、土地利用の変化、新規化学物質（マイクロプラスチック、内分泌攪乱物質、有機汚染物質、放射性物質、遺伝子組換え物質、進化の人為的改変などのリスク）の三項目で限界値を超えたことが明らかとなりました。これが現代科学の到達点です。はたして、人間は絶滅回避に向けて必要な努力を続けることができるでしょうか。あるいは破滅に向かって突き進むでしょうか。

自然の本質と人類

地球という惑星に成立する自然（生態系）は緑の自然とは限りません。四六億年前に誕生した地球の自然は、激しい地殻変動と火山噴火が頻発する状態で、空は雲に覆われ、太陽の光が地上に届かない嵐ばかりの状態が何万年も続いたと考えられています。三五億年前に偶然が重なって生命体が誕生すると、あるとき光合成をするバクテリアが登場しました。さらに長い時間を経て、五億年ほど前に登場した植物が光合成によって大気中の酸素を増やし、そこから生物進化のスピードが増したのです。原始の植物に覆われて酸素に満ちた陸上に昆虫類が登場し、骨を持つ脊椎動物が登場して陸に上がりました。こうして地球は、海にも陸にもたくさんの生物のすむ緑の自然へと姿を変えたと考えられています。その後も生物は進化と絶滅を繰り返し、五回も大絶滅が起きたというのに、なおもしぶとく生き続けてきた生命体の集まりが現在の地球の生物多様性です。

うんと長い時間で見れば自然とはそういうものなので、この先、なんらかの要因で六回目の生物大絶滅のときがきて、再び月面のような土と岩だらけの荒涼とした状態となる可能性だって否定できません。それもまた地球という自然の一つの時間断面の姿です。人間（ホモ・サピエンス）という動物種の絶滅とは関係なく、地球の自然（生態系）は星の寿命が終わるまで続きます。自然とはそういうものだと考えるとき、私たち人間が求めているのはたくさんの動植物のすむ地球であり、生物多様性こそを自然として欲しているということに気がつきます。

人間は宇宙から見た青い地球や緑の自然が大好きです。環境に関する議論では「グリーン」という言葉をよく使います。これらは進化の過程で私たちの脳に刷り込まれているのかもしれません。それこそ偉大な進化生物学者E・O・ウィルソンが、「人間は本能的に自然とのつながりを求めている」とバイオフィリア仮説を提唱したように、おそらく自然に触れる仕事をしている人たちならだれもが直観していることです。

ただし、忘れてはいけないことですが、私たちが望んでいるのは、あくまで人間にとって都合のよい自然だということです。地球の限界論（プラネタリー・バウンダリー）にしても、「人類が安全に生き延びるために必要な環境の限界」という意味で議論されています。けっして人間のいなくなった自然を残そうなんて話をしているわけではありません。独りよがりに聞こえるこの事実は、生物の種としての本能に従っているだけで、他の動植物と同じです。彼らは考えてはいないでしょうが、生物はみな自らの種の繁栄に向かって生きています。もしも生に執着する方向で進化する仕組みがなかったら、地球上に生物多様性など存在しなかったでしょう。

たまたま脳を発達させたホモ・サピエンスという動物の場合、個々の個体はいろいろと考え、悩み、行動しますが、それらがどっちの方向に暴走しようが、人類の全体は種の存続に向かって生きています。とはいえ選択のすべてがうまくいくとは限らないところが難点で、失敗すれば私たち現生人類も過去に消え去ったヒト属の仲間たちと同じように絶滅します。残念ながら、脳を高度に発達させたにもかかわらず、私たち人間は自らつくりだした技術によって滅ぶ可能性が高くなっています。

なぜ生物多様性にこだわるか

人類が何万年と生きてくる中で、水や食物を口にすることもできない、死と隣り合わせのときが何度もあったでしょう。そんなとき脳を発達させた人類は、失いかけて困ったものを再び手にしたとき、それを「恵み」として受け止め、提供してくれた自然に神なる力を意識して、手を合わせ、感謝したでしょう。今でも世界の各地に、土着の神を信じ、スピリチュアルな精神世界とともに生きる人たちが存在します。日本でも、北海道から沖縄まで全国にそんな文化が継承されています。身近なところでいえば、多くの日本人が新年を迎えるときに神社を訪れて祈り（初詣）、太陽に祈り（初日の出）、大樹や大石まで御神体として崇めます。その行為自体の理解がどんなに希薄になっても、それが自然への崇拝であることは確かなことです。そんな対象は簡単に破壊してよい相手ではないと人間は考えるものです。宗教や哲学の議論になりますが、そこにこそ人類が生物多様性を求める原点があるように思います。

近代化を目指す明治政府の神仏分離・神社合祀政策によって神社の森が伐採されたとき、南方熊楠が猛然と反対の意思を示したことが知られていますが、目の前でブナ林が伐採され、山が丸裸にされていく様を見れば、だれでも心が痛むものです。きれいな海のサンゴ礁が消えるのを見た人たちは、なにかがおかしいと思うものです。その破壊に直接手をくだす人たちでさえ後ろめたい感情を持つという事実は、ちゃんと話をすればわかります。一生懸命に生きている人たちの心に拝金主義が圧力をかけて自然を破壊させます。人新世のはじまりは一九五〇年代とする説が有力ですが、日本が戦後の復興をかけて資本主義を暴走させ、環境破壊にブレーキをかけられなくなった時代のはじまりと一致します。

そんな近代の環境破壊に抵抗するように、世界の各地に自然保護を唱える人々が登場しました。生物学や生態学を探究してきた研究者らは、さまざまな場所で動植物に魅せられ、生物がたがいに助け合って生きていることに気がついて、生物多様性の概念にたどりつき、二〇世紀末には気候変動枠組み条約や生物多様性条約を誕生させました。その危機感がいっそう高まった世紀末に、保全の手段として資本主義にコミットする自然資本という概念を生み、ＳＤＧｓの議論も始まりました。

何度もいいますが、人間中心の考え方をしてしまうのは、生物の本能ですから仕方がありません。それでも人間が生きるために生物多様性は欠かせないとの理解の下に、多様な遺伝子を内包する生物多様性は人間にとって有益であることを、関心のない政治家や企業家にまで認めさせたのですから、それは自らの絶滅を回避しようとする人間の努力の一歩です。こうした人間のふるまいは、それぞれの人間の自然観によって突き動かされてきたものです。

うつろう自然観

じつは、その自然観が怪しくなってきました。現代人は大人も子どももゲームにはまっています。自分の分身（アバター）を使って参加する舞台のことをメタバース（仮想空間）といいます。これが共同作業やコミュニケーションの道具として進化して、今では仕事の場として活用する模索まで始まっています。もう一つの新技術は、現段階ではゴーグルを使って仮想空間の中に入り込むＶＲ（バーチャル・リアリティ）です。ＶＲもメタバースと組み合わせてどんどん進化しています。そこに表現されるデジタル空間は限りなく本物に近づいて、たとえば現実の街とそっくりの空間がメタバースの中につくられ、そこにお店を出して実際に商品を売り買いする段階に近づいています。

二〇世紀のころから映画を観たりプラネタリウムの空間に入ったりして、人間はずっと疑似体験による楽しみ方を追求してきましたから、脳を勘違いさせることはさほどむずかしいことではないのでしょう。夢の国を疑似体験する遊園地を選ぶように、ベッドに寝そべりアプリをいじって今日のメタバースを選びます。遊びの世界とは限りません。たとえば病気や事故で身体の自由が利かなくなっても、脳が機能していればメタバースに入ることができます。そして分身のアバターを使って社会に参加したり、自然を疑似体験できたりするのは、かなりありがたいことです。

現実の空間にいる私たちは、身体の感覚器官（五感）で受け取った刺激を脳に送り込んで、「ああ、いい気持ち」とか、「少し寒い」といった具合に環境の状態を感じ取ります。それはあくまで脳への刺激として成立することですから、デジタル空間が精緻になり、リアリティが増して、この先は視覚や聴覚に加えて、触覚、嗅覚、味覚までが疑似的な電気信号として脳へと送り込まれるようになるでしょう。そうなれば、自然環境の中に分け入るのとまったく同じ感覚を味わうことも不可能ではなくなります。そのとき、人間の自然観、ほんとうの自然に対する意識はどうなっていくでしょう。すでに地球のどんな環境も衛星画像で俯瞰できます。よりいっそう精緻なデジタル世界が生み出されたら、疑似体験を重ねる人々の心にはいったいどんな自然観が育まれるでしょう。

私が本書で語ってきたことは私の個人的な自然観がベースになっています。少しばかり生態学をかじり、理論を斜め読みして、獣の痕跡を探しながら山の中を歩きまわり、シカやクマを生け捕りして積み上がった自然観、自分の経験したことでなければ頭に入らない思い込みの激しい私の自然観です。おそらく猟師のそれに近いと思います。こんなふうに自然観とはそれぞれに自然をどうとらえるかということですから、日常の中でだれもが脳で受け止める感覚にもとづいています。天候に左右されて今日は暑いとか寒いとかいいながら、季節の変わり目にふと気づいた自然現象にうれしくなったり、広大な自然の中に降り立ったときに感動したりする記憶の積み重ねによって自然観は育まれます。

科学はこの先も人類の進むべき道を客観的に示し続けるでしょうが、生き延びる方法を選ぶのは人間であり、おもに政治のプロセスです。とはいえ、その意思決定はじつに困難をともないます。そのことを気候変動や生物多様性に関する国際会議（ＣＯＰ）の場で、参加国の政治的意図によってなかなか合意できない事実が示しています。こうした政治選択には、それに関わる市民の自然観が大きく作用します。動物愛護に関心を持つ人たちの多い欧米諸国の政府の代表は、国際会議の場で、遠い異国のアフリカゾウの象牙の密猟に反対したり、捕鯨に反対したりします。それが選挙の票につながるからです。このことは市民が政治を動かしている証拠であり、政治への市民参加が重要な意味を持つことの証です。市民の平和への意識が平和憲法改定の是非につながることも同じです。だから問います。もしも一人ひとりの自然観がテクノロジーによって変化してしまったら、人類は危機を脱することができるでしょうか。

新技術対人間

新たな技術は人間の感性をゆさぶります。情報が簡単に手に入る現在、すでにその兆候は現れています。映画も、テレビも、音楽でさえも、時間を短縮して倍速で視聴する人たちが増えています。タイパ

（タイムパフォーマンス）というそうですが、時間をむだにするなという強迫観念がそうさせるのでしょう。いかにも資本主義の負の側面が極まった現象です。つくり手の伝えたかった情報の本質が受け手に届かなければ時間短縮のパフォーマンスなどまるで意味がない、なんてことは後回しで、すべては消費者が自分で選択したことだからとされてしまいます。

脳に作用する技術は判断力の未発達な子どもたちほどブレーキが効きません。情報量が増え、届くスピードも速くなった世の中で、すでに大人でさえ逃げられずに強いストレスを抱えています。身体的にも、目、耳、首や手の骨にも負担がきているとも聞きます。社会がデメリットだと判断する技術はいずれ消えるものだからだいじょうぶ、それが消費社会の理屈だから。なんて放置しているうちに、技術の売り手はあの手この手を駆使して金稼ぎの道具を延命するのです。修正されるのは明らかに犠牲者が出て社会へのダメージが大きくなってからのことです。一九八〇年代にエンデが脅威に感じた時間泥棒はいまだに暗躍しています。

かりに、新技術の負の面を修正する仕組みが登場したとして、ＡＩ（人工知能）が決めたとおりに毎日を過ごし、幸せホルモンがたくさん出る疑似体験で心も脳も満たされ、なおかつ安全に生きられる空間が確保されたら、人々は十分だと思うでしょうか。食料が確保され、水、大気、鉱物、そして生物も含めた資源としての自然を持続的に利用できて、人間という種が存続できるのなら、自然環境の質なんてどうでもよいと考えるようになるでしょう。生物多様性だって必要ならｉＰＳ細胞でつくればいいじゃん、害を持ち込む生物なんか根絶すればいいじゃん、こうして生物多様性の思想は現在とはずいぶん違うものになっていきます。

未来の人間の価値観がそうなってしまったら受け入れるしかなくなります。そして現実の地球環境は壊れ続け、温暖化による気候変動が進み、海は酸性化して、極地の氷も消え、海水面は上昇し、つねに嵐が起きて頻繁に洪水が起きる。別の場所では乾燥が進み、大規模な山火事が起き、砂漠が広がり続ける。そんな変化をくい止めることができなければ、そこで生きていくしかありません。たとえ宇宙に逃げ出す人たちが現れたとしても、ノアの箱舟に乗れない大多数の人々は地球に残って、環境の乱れを回避するシェルター・ドームの中で暮らすのです。はるか昔のアマゾンの原生林、多様な生物がすむ生態系、美しい森やサンゴの海なんてものは、すべてデジタル情報としてＡＩが脳に送り込んでくれます。ＳＦ映画の警告のとおり、人間の感性が技術革新をコントロールできなければ、そうなってしまうでしょう。この段階になると、すでにリアルな地球の自然に緑を求めるなんてことは諦めていますから、外来種のことなんてどうでもよくなります。

子どものころからバーチャルな体験にどっぷりつかって育つ人たちの自然観は、リアルな自然の中で汗を流し、偶然の遭遇に感動する体験を重ねた人たちのそれとは違うものになる。そんな想像は私の直観でしかありません。新技術が人間にどんな影響をおよぼすのか、ほんとうのところはだれにもわかりません。失敗を恐れる必要はありませんが、確かな科学的検証と、人間としての倫理を追求しながら、くれぐれも慎重に歩を進めてもらいたいものです。

勘違いしないでください。技術が人間を危機に陥れるのではありません。技術を操るのは人間です。すでにＡＩが普及を始め、二〇五〇年よりも前にコンピュータが人間の脳を超えるシンギュラリティと呼ぶ域に達するそうです。たとえそうなっても、主導権は一人ひとりの人間にあるということまで放棄してはいけません。

遺伝子テクノロジーが生み出す外来種問題

分子生物学の進展が生み出した遺伝子操作の技術は、すでに学問領域から飛び出して、医療分野、食料分野、あるいは新たな素材の開発など、現代の花形テクノロジーとして、これからの社会に大きく貢献していくでしょう。これらの技術革新が地球環境の負荷となった化学物質を減らす可能性も期待されています。

たとえばクモの糸の超高機能構造タンパク質に代表されるようなバイオ素材が、新たな産業革命をもたらす可能性も見えてきました。医療分野では、遺伝子の操作によって難病に苦しむ人々を救うとか、身体の一部を失った人々のパーツをｉＰＳ細胞で復活させるとか、個々人の遺伝子特性に合った医薬品の投与や医療を行うことまで可能になりつつあります。品種改良の伝統を持つ農業分野では、野菜にしろ、家畜にしろ、遺伝子操作によって、必要な部位だけを効率よく収穫できるように変えてしまうでしょう。アレルギーの原因となる物質だけを修正するなんてことは簡単になり、八〇億を超えた人類の食を支えるために、ｉＰＳ細胞を駆使して、工業的に、部位としての肉や乳を生産することだって可能になります。そうなれば、多くの家畜の飼育現場でゲップによるメタンガスを排出することもなくなるでしょう。毎日のように何千万という命を奪わなくてもすむのです。感染症や気象災害によって収穫を台なしにされることもなくなります。おそらく、マイクロプラスチックやら重金属やら核物質を蓄積した魚や家畜の肉を食べるよりも安全です、なんて宣伝文句を耳にするときがくるでしょう。

こんなにも期待される遺伝子技術は、映画『ジュラシック・パーク』で描かれたように工学的に生物を生み出すことを可能にしました。それは恐竜をよみがえらせるだけでなく、新たな設計図にもとづく新たな種、デザイナー生物をつくりだすことさえ可能です。きっと科学者は野外を走りまわる新生物のことを無邪気に想像して、その繁殖の可能性まで検証したくなります。そしてこっそり野に放つのです。人間をつくるよりは倫理的問題は小さいだろうと無造作に放つのです。その心は、これまで外来動物を野に放してきた人たちと同じで、悪意のかけらもありません。このデザイナー生物は新たな外来種問題を引き起こします。

さすがにデザイナー人間を生み出すことには慎重ですが、絶滅に瀕した希少生物や、すでに絶滅してしまった生物の復活となれば、罪悪感より、むしろ使命感とともに熱心に取り組まれるに違いありません。放された復活生物は外来種であるのか否か、これもまた議論となります。おそらく、地球上の種数が減ることが問題ならばこれもありだとする意見が優位になります。科学者の願望は、やがて恐竜やマンモスの復活と同じレベルで、絶滅人類のネアンデルタール人やデニソワ人をつくろうとするでしょう。もはやブレーキは効かなくなります。

じつは、この問題は早くから危険視されており、一九九九年にコロンビアのカルタヘナで開催された生物多様性条約の締約国会議で議論され、その取り扱いのルールが「カルタヘナ議定書」として二〇〇〇（平成一二）年に採択されています。そして、日本では二〇〇三年に「カルタヘナ法（遺伝子組換え生物等の使用等の規制による生物の多様性の確保に関する法律）」として整備されました。法の目的には、「国際的に協力して生物の多様性の確保を図るため、遺伝子組換え生物等の使用等の規制に関する措置を講ずることにより、生物多様性条約カルタヘナ議定書（略称）等の的確かつ円滑な実施を確保」と書かれており、「未承認の遺伝子組換え生物等の輸入の有無を検査する仕組み、輸出の際の相手国への情報提供、科学的知見の充実のための措置、国民の意見の聴取、違反者への措置命令、罰則等所要の規定」を整備するための規則が定められています。こうした国際条約や法律が、研究者の欲望を利用して利益を追求する企業家を実質的に抑制できればよいのですが、たとえばアメリカのような大国がこの議定書には参加していません。はたして実質的なブレーキ機能が働くものか、宿題は残されたままです。

二〇〇八年に貴志祐介という作家が発表した『新世界より』というSF小説があります。そこには、一〇〇〇年先の舞台で、呪術を使う能力を得た人間と、遺伝子操作によって生み出されたバケネズミとの争いの物語が描かれています。最後にどっきりさせられるその未来像は、現代技術の進化のスピードからすると一〇〇〇年もかからずにやってきそうです。

3　アダプティブな外来動物対策

自然の変化と順応的につきあう

悪夢のような未来が訪れないように現在をどうするか。そんなことを頭の片隅に置きつつ、最後に確かな自然との向き合い方について考えてみます。自然は人間にとって感動や資源を与えてくれるだけの存在ではありません。突然に厳しい姿を見せて、命も財産もすっかり奪っていくほどの災害をもたらします。そんな相手とうまくつきあっていくには順応的な態度が肝要です。

たとえば、wildlife conservation（野生動物の保護）という目標に対して、そこに向かうための方法論や技術論の全体を英語圏では wildlife management という言葉で表現します。一九七〇年代に日本でワイルドライフ・マネジメントの概念が広がり始めたとき、だれかが「野生動物の管理」と訳したせいで、当時の自然保護関係者の間に「自然を管理するとはなにごとか」と、強い拒否反応が起きました。まだ、野生動物の生息実態も、被害のことも、駆除や狩猟の社会的意義についても、よく理解されていなかった時代のことです。一方で公害が大問題になっていましたから、ヒステリックな反応はやむをえないことでした。

そもそも、マネジメントの本家の経営分野でも誤解されていたのですから仕方がありません。今なら本来の用語解説がネットにたくさん掲載されて、誤解を避けるためにマネジメントは普通にカタカナ表記で用いられています。「対象を広く全体的によくしていくための運営」というのが本来の概念で、その手段の一つである control という事柄に対して「管理」という訳語を用いて区別しています。たとえば、「森林の生物多様性を保全するという目標に向けて、対象とする生態系をマネジメントする手段の一つとして、シカの密度を管理する」といった具合です。

とくに予測のむずかしい自然環境のマネジメントには、「順応的管理」という訳語で定着している adaptive management（アダプティブ・マネジメント）という思考法を用います。つねに不確実性がともなう自然現象に対して、柔軟に対処していくための方法論です。できる限りの情報を収集して、問題を抑制するための計画を立て、指標をいくつか設定して追跡調査（モニタリング）を行い、現行計画の有効性を評価して、必要に応じて修正を加える。こうすることで、できる限り速やかに、かつ効果的に、自然の変化に対応する循環的な作業の流れをつくります。現在、さまざまな分野で取り入れられているＰＤＣＡの思考法と基本は同じです。

自然による人間生活への被害リスクを抑え込むには、この作業の流れを止めてはいけません。たとえば生態系の害を解決したい場合、外来種を根絶するという管理（control）の計画は終息を目指すので終わりがきますが、在来種であり根絶の対象にはならないシカの密度を管理するという計画においては、終わりはありません。

人口減少時代の生態系

生物多様性のホットスポットの一つに日本列島が選ばれた理由は、地理的条件の複雑さにあります。急峻な地形や雪の多さが人々の入り込みを阻み、人々はわずかでも可能性のある場所に集落をつくり、狩猟採集に加えて、農地を拓き、牧草地を維持し、木を植えて生活してきました。日本の自然の多様さは、古代から人間の利用と自然が相互に反応しながら生み出されてきたものです。その相対的な関係は、人口が急増して、ごく最近に減少に転じた明治以後一五〇年の空間構造の変化を振り返れば明らかです。

とくに昭和時代の変化は極端でした。戦争の需要で山間部の森林伐採が激しくなり、戦後の高度経済成長期には大型機械を使った高度な土木技術で、国土の全体が切り拓かれました。ところが、急増した人口の多くは工業化とともに都市部に集まったので、結果的に農村部の人々の活力が低下して、過疎と呼ばれる社会現象が広がりました。昭和末期にバブル経済がはじけると、続く平成時代は社会全体の活力が衰退して、土木的に土地を改変する勢いも小さくなりました。こうして農村部では農林業の従事者も狩猟者も減り、耕作放棄地、限界集落、廃村というプロセスを経て、山に囲まれた地域から先行して自然に飲み込まれる現象が起きています。日本全体が人口減少に転じると、昭和時代にやたらと広げた郊外と呼ばれる空間からも人々が消え、耕作放棄地、空き家、空き地がどんどん増加しています。こうした歴史の経緯を振り返れば、だれもがそのときの経済性を追求したせいで、人間生活の全体をよくするというマネジメントの本質を見失っていくという土地利用政策の実像が見えてきます。

この先の変化にアダプティブに対応していく手っ取り早い方法は、過去の変化を材料として未来の予測につなげることです。ＡＩを使えば簡単でしょう。野生動物やら自然の変化の詳細が予測できなくとも、人間のやってきたことは確かな記録として残っていますから、それをどのように読み解くかということです。

人間の撤退は動植物の回復につながります。最初にめだつのは中大型哺乳類の出没です。キツネやタヌキが街中に現れて興味本位の報道がなされ、サル、シカ、イノシシ、クマといった大型動物の出没が話題となり、現在では、人間を恐れなくなった個体が都市部にまで入り込んで騒動になっています。以前にもまして野生動物の出没が頻繁になっている理由は人馴れにあります。人間に近づきすぎた動物は、生ごみをあさり、人家に上がり込んで冷蔵庫を開け、天井裏で繁殖します。ときには人間にアタックして人身事故を起こし、感染症を広げます。そんな変化の時代には、もともと飼育下にあった外来動物ほど人為的な環境への適応は得意なものです。在来の哺乳類と競合しつつ自らのニッチを確立して、新たな生態系（ニュー・ワイルド）が着々とできあがっています。この現実は、けっして人間にとって都合のよいものではありません。

ところで、人馴れはある種の適応ですが、生ごみや残飯をあさりながら野良状態で生きる野生動物の姿は見たくないものです。野性味ある凜とした美しさを奪われた彼らもまた被害者であり、そうしてしまった人間は加害者でもあるという視点も必要でしょう。問題を改善するとしたら、両者は離れて暮らすほうがよいのです。それには人間の側がすみわけの工夫をしなくてはなりません。これは複雑な地形を持つ日本列島ならではの、生態系のマネジメント（ecosystem management）の根本テーマです。

山に現れた生態系の害

生物多様性保全のキーワードとなった「生態系の害」について考えてみます。一九九〇年代以来、在来種のニホンジカの増加がめだつようになり、分布を拡大しています。そして密度の高まった森林内で植物が強い食圧を受けるようになりました。それに気がついた人間は、急遽、「生態系の害」という概念を法に位置づけて、国や自治体が総出でシカの個体数を減らす努力を続けています。

シカが増える理由は、牛馬の餌、肥料、資材、燃料などを採る目的で古代から維持されてきた草地、あるいは草の生える森林伐採跡地が、シカの繁殖を支える栄養供給の場となってきたことによります。とはいえ、人間が獲って利用していた数千年間は、シカという資源の枯渇が心配されることがあったとしても、過密が問題になることはありませんでした。ところが、一九七〇年代に衛生的な肉の流通システムが整備され、毛皮が化学繊維にとってかわると、生業としての狩猟が衰退しました。そのせいで狩猟者が減り捕獲数も減ったので、全国的にシカが増え始めたのです。温暖化の影響で冬の間に自然死亡する数が減ったことも、要因の一つと考えられています。なにより野生動物を科学的にマネジメントする体制がなかったことが、増える前に抑え込むという本来あるべき対策の遅れにつながりました。

シカが増えた森林では下層植物が消え、豪雨で土壌が流出しますから、急斜面ほど立木の根が浮き出て大風のときに倒れます。また樹皮食いによる樹木の立ち枯れも起きています。こうして森林構造の変化とともに希少植物を含む多様な植物群落が消えてしまうので、土壌動物から大型哺乳類まで、森林に依存して生きる各種の動物群が少しずつ生存の基盤を失います。生物の種構成が変われば、その関係性で成り立つ生態系の質が変化します。この生物多様性の劣化につながる一連の現象は、「生態系の害」と表現されるようになりました。

現在、全国で年間約七〇万頭のシカが捕獲され続けていますが、シカは毎年のように子どもを産んで増え続けます。目に見えて減ったとする実感が得られない理由は、母集団が増えすぎているせいでしょう。たとえ個体数が減っても、シカが季節的に集まってくる場所の密度はなかなか下がらないので、生態系の害が緩和されたといえる状態に戻すのはずいぶんと先になります。順応的管理の開始が二〇年ほど遅れたことが悔やまれます。

森林全体にかかるシカの食圧を抑制するには、かつて生業の猟師たちがしていたように、捕獲を継続して密度を下げ続けるしかないのです。先に書いたように、日本列島の自然は人間の利用と自然の相互作用によって形成されたものです。シカを獲って利用してこそSDGsにつながります。とはいえ、温暖化で降雪量が減ってシカが上ってくるようになった高山帯では、アプローチが困難なせいで捕獲がなかなか進みません。残された希少性の高い植物群落を護るために柵で囲っても、冬は雪によってつぶれるので、設置と撤去を繰り返さなくてはなりません。そうした場所は国有林や国立公園地域に指定されており、景観スケールの生物多様性の保護に向けて、悪戦苦闘の厳しい闘いが続いています。

平地に現れた生態系の害

平地の「生態系の害」も深刻です。長年にわたって人間の影響を受け続けている生物多様性ということで、大事にされない傾向にありますが、昭和時代の急激な開発を免れて残された遊水地、谷戸地、斜面林といった緑地に隠れるように生き残った里の生物群集です。それは全国的に見れば普通種でも、地域的に見れば絶滅の危機に直面する小さな隔離個体群であることが多いのです。とくに水系を利用する水生生物、そこに産卵するカエルやサンショウウオといった両生類の中には、移動能力の小さい希少性の高い種が生き残っていることがあります。積極的な自治体であれば、レッドリストを作成して注意を促しています。では、この地の生物多様性の保全、そのためのマネジメントはどうしましょうか。

そもそも、開発によって外部から新たな個体の入り込みができなくなった小規模な隔離個体群ですから、これまで近づくことのなかった肉食傾向の強いキツネ、タヌキ、アナグマ、イタチ、テン、あるいはイノシシといった在来の哺乳類や、アライグマ、ハクビシン、チョウセンイタチ、ミンクといった外来哺乳類が侵入すれば、食べられて息の根を止められます。そんな小さな緑地の秘かな生態系の害のことなど、長年にわたって観察を続ける市民でもいなければ、気づかれずに消えてしまいます。

野生動物が都会で起こす問題は平成年間を通して増えています。庭先に出没したタヌキやアライグマに餌をやってしまう人たちを興味本位でメディアが扱ったりするころには、すでに定着に成功しています。そこで繁殖して生まれた子どもは都会の環境こそホームですから、当然、人馴れが進みます。彼らの多くは都会の緑地に隠れすみ、周辺の市街地に出没しては生ごみを荒らして問題を起こします。住民にとっては在来種も外来種も関係ありません。

市街地で発生する問題をなくすには、分布の核となる緑地を確認して、そこで起きる生態系の害を防ぐことに重点を置いて戦略を立てるほうが、より早く問題解決に近づけます。それには人々の関心を集めることがポイントです。まずは公園緑地の管理主体が中心となって生物多様性に関する情報を整理し、公開しながら、市民参加の調査活動を活発にすることです。それによって外来の動植物の侵入や生態系の害の早期発見につなげます。

30ｂｙ30と外来種対策

コロナ禍の中、中国で開催された生物多様性条約締約国の昆明会議（ＣＯＰ15）で次の二〇三〇年までの目標の議論が始まり、第二部として開催されたカナダのモントリオール会議で「30ｂｙ30」という目標が掲げられました。それは、二〇三〇年までに海域で三〇パーセント以上、陸域で三〇パーセント以上を自然環境エリアとして保全の対象にするというものです。この目標に対して二〇二一年のＧ７（主要七カ国首脳会議）が目標達成を約束して（二〇三〇年自然協約）、二〇三〇年までに生物多様性の損失を止めて回復軌道に乗せるという、「ネイチャーポジティブ宣言」を打ち出しました。「ネイチャーポジティブ」とは、「企業・経済活動によって生じる自然環境への負の影響を抑えて、生物多様性を含めた自然資本を回復させることを目指す」とする考え方のことです。Ｇ７に参加する日本政府も足並みをそろえることになりました。

こうした国際的な流れに沿って、二〇二三年に「生物多様性国家戦略二〇二三—二〇三〇」が国会で承認されました。そこには「30ｂｙ30」の目標として、「保護地域（国立公園等）の更なる拡充・管理」、「保護地域以外の場所で生物多様性保全に貢献する場所（ＯＥＣＭ）の認定（社寺林、企業有林、企業緑地、里地里山等）」と書かれています。ＯＥＣＭ（Other Effective area-based Conservation Measures）とは、「その他の効果的な地域をベースとする手段」という意味で、国立公園などの既存の保護地域以外に、生物多様性を効果的かつ長期的に保全しうる地域のことを指します。そのため環境省では、一〇〇地域以上のＯＥＣＭを認定するとの目標を掲げて議論が始まっていますが、二〇二二年時点の保護地域の割合は、陸域で二〇・五パーセント、海域で一三・三パーセントとのことですから、かなりたいへんです。

ＯＥＣＭは、ただ面積を確保することだけでは意味をなしません。保全すべきは生物多様性の質にあります。これからの時代は人口減少で放置された環境が増えて大規模な気象災害の影響を受けます。耐性の低い種が消えて外来種を含むたくましい種がやたらと繁栄する、新たな種構成の生態系（ニュー・ワイルド）へと変化していくことは避けられません。社会は災害復旧や人々の生活再建が第一となりますから、生物多様性など放置されてしまいます。だからこそ、「生物多様性の損失を止めて、回復軌道に乗せる」という「30ｂｙ30」の目標に向けて、生態系を広く視野に入れた周到なマネジメントの戦略をセットしておかなくてはなりません。

災害後の土地は、土地利用の再編や国土計画の大幅な見直しが必要になってくるでしょう。人間の撤退にともなう自然環境の変化を俯瞰すれば、ＯＥＣＭの候補地もあがってくるでしょう。そこに生態系のネットワークを構想して、ＯＥＣＭ機能をプラットホームとして配置する。そんなふうに生態系の視点で国土の全体をマネジメントする方向へと、舵を切るきっかけが生まれればよいと思います。

ＯＥＣＭのマネジメント

行政が主導する生物多様性保全は、そこにすむ在来種の保全と害性の排除の両面で成り立ちます。ＯＥＣＭは奥山というよりは平地の人間生活に近いところに設定されるでしょうから、人間と野生動物の軋轢も、先にあげた平地の生態系の害も大きくなると予想されます。そのためＯＥＣＭでは害性の管理を重視することになるでしょう。

基本的なことですが、人間に直接の害（農林水産被害、生活環境害、保健衛生害、交通事故、人身事故など）を持ち込む生物は、在来種であれ、外来種であれ、人間の利用空間に入ってきた段階で排除されるものです。クマやイノシシのような大型動物、ネズミ、ゴキブリ、毒虫、家の中に入り込むハクビシンやアライグマも駆除されます。これはＯＥＣＭであってもなくても同じです。ＯＥＣＭが保護地域だからこそ悩ましいのは生態系の害です。

ある生態系に植物群落が生育して、さまざまな動物群（水生生物、魚類、昆虫類、両生類、爬虫類、鳥類、哺乳類）が生息するとき、そこには「喰う、喰われる」の食物連鎖の関係が生まれます。そのときＯＥＣＭの閉鎖性が問題になります。もしも孤立した生物の集団のすむＯＥＣＭに新たに捕食動物が入り込んできたとき、それを排除するか受け入れるかが議論になります。それが外来種であれば迷わず排除の選択がされますが、悩ましいのは在来の動物です。たとえば在来のキツネ、タヌキ、イタチ、テンなどが新たに入り込んだ場合、捕食動物は食物連鎖の中で重要な役割を果たしていますから、それを排除するか、生態系のなりゆきにまかせるかを問う議論が浮上します。

山の上のシカは、対象地域の密度を下げて、希少性の高い植物群落には柵を設置して空間的に排除します。おそらくOECM内でシカの密度が高まったら同じ選択をするでしょう。この文脈に従えば、在来の捕食動物の場合も、希少性の高い動物個体群のすむ環境には緊急避難的に柵を設置して侵入を防ぎ、捕食者は排除するという選択をすることになります。そもそも捕食動物の分布域が他に広く存在するのなら、OECMからは排除するという選択は正しいでしょう。ましてOECMの周辺で人間に対して被害問題を起こすような種は、外来種であれ、在来種であれ、駆除は支持されます。

いずれにしてもOECMを指定したら、まずは、マネジメントの体制を整えて、どのような希少生物群が存在するのか、その種を追い詰める脅威とはなにかということをきちんと確かめて、的確なマネジメントの方針をセットしなくてはなりません。指定して終わりではありません。

多様な主体の参加の仕組み

すでに書いてきたことですが、外来種を含めて自然環境の問題に順応的に向き合うには多様な主体の参加が不可欠です。市民の参加、NGOや企業の参加、関係する自治体や国の行政機関の分野横断の連携がなければ、問題を解決に導くことができません。その意味で、多様な主体の参加を呼びかける「ネイチャーポジティブ宣言」には期待します。そして外来生物法の二〇二三(令和五)年改正時に、国、都道府県、市町村の責務規定が明記され、予算措置を含めて外来種対策が強化されました。これもネイチャーポジティブ宣言の効果として歓迎します。

めんどうな外来種問題に対して連携を進める好例として、第2章で紹介した世界遺産地域の外来動物対策をあげることができます。世界遺産地域という社会的目標が明確であること、多くの研究者の参加によって科学性がともなっていること、対象地がコンパクトであることも利点の一つですが、なにより住民、NGO、民間企業、関係行政機関が参加して、情報の共有と公開の下に議論が進められていることが効果を発揮しています。このことは、第3章で紹介した本土部のタイワンザル対策や熊本県のクリハラリス対策などにも共通します。

その他の自然環境の総合的なマネジメントの好例として、参加型税制のモデルとされる神奈川県の水源環境保全税の仕組みをあげることができます。そこでは多様な主体の参加の柱として「県民会議」が設置され、科学性を担保する施策専門委員会とともに、情報公開の下に議論が進められています。そして、神奈川県の水がめである水源の森を護るために県民への説明責任を果たしながら、すでに一五年以上にわたって水源環境保全税（一人約八八〇円、年総額約四〇億円）という超過課税を県民から徴収しています。それによって県所有の複数の研究機関によるモニタリング調査を遂行し、水源林に害をもたらす問題を抽出して、その原因を探りながら対策を進めています。その筆頭にあがったのがシカの過密化でした。県はその密度をコントロールしながら、土壌流出防止や水質汚染防止に取り組んでいます。

いずれにしても、生態系という不確実性をともなう相手に対して、対策の効果を読み取るための科学的な調査を継続して、説明材料を整えます。対策の意思決定にあたっては、関係行政機関に限らず、研究者、NGO、市民の参加を求め、知恵を出し合って問題を解決していくことで、順応的なマネジメントを具体化していきます。それこそが、外来種のような見えにくい問題に対処していくもっとも効率のよいあり方です。もちろん、たくさんの人たちの苦労の積み上げによるのですが、予算の確保と問題解決に向けた熱意を長く継続するために必要な仕組みであることは確かです。

命の扱いの議論

先に取り上げたように、外来種対策が否定的にとらえられる理由の一つは命を奪うことへの抵抗感によるものです。ただし、外来動物を捕獲して野外から排除する生物多様性保全の議論と、捕獲した個体を生かすか殺すかを問う動物愛護の議論は、異なる次元の話です。にもかかわらず、外来種対策の文脈を表面的にとらえてしまうと、思わぬ誤解が生まれます。「こいつはいいやつだから生かす、こいつは悪さをするから殺す」といっているようにも聞こえる仕切りを、心が未発達な年ごろの子どもたちに、どうしたら正しく伝えることができるでしょう。その説明ができなければ賛同者を増やすことはできません。

人間にとって害をもたらす加害動物は、農作物被害、生活環境害、保健衛生害の現場で、昔から駆除してきました。資源的価値のあった時代なら利用の対象にしてきました。そして人間に役立つ新たな価値として生物多様性を認知すると、それを劣化させる現象を「生態系の害」と呼び、その加害動物を駆除（control）することにしました。在来種であれ、外来種であれ、基本は同じです。そのとき、人間の脳裏に殺生という行為に対する抵抗感が生まれます。

対象の生きものが哺乳類のような高等動物ほど強く感じてしまうことが多いようです。そうした感情は愛護的に思考する人たちに特有のものではありません。資源として利用することもなく、ただ命を奪うだけの殺生に対して猟師や行政担当者の中にも抵抗を感じる人たちは多いものです。その気持ちの落ち着け先を整理しておかないと、外来種対策を先に進めることができなくなります。大事なことは、その殺生は人間にとってほんとうに必要であるかと問うことにあると思います。

世界を見渡せば、狩猟が日常生活の重要な位置にある人々は、生きるために殺生をすることの理由を明確に説明できるでしょう。かつての日本人も、肉や毛皮を得るために、ときには神からの授かりものという理由をつけて、感謝とともに命をいただく行為を粛々と続けてきました。ところが現代人は、毎日のように行われる大量の殺生を遠ざけて見えなくした社会システムの中で生活しています。毎日、衛生的なタンパク質を口にして、おいしい肉料理に舌鼓をうつことができるのは、膨大な量の家畜をだれかが機械的に殺処分して、分割された肉片を見栄えよくパックしてくれているおかげです。それによって一般の消費者は殺生を意識することはありません。ときどき鳥インフルエンザや豚熱（俗称トンコレラ）の感染で何万という数の家畜が一気に殺処分される報道で現実を知りますが、日々の大量の殺生のことにまで頭がまわりません。そんな人々が殺生の理由をうまく言葉にできないのは当然です。

こんなふうに命の扱いの議論を避けて生きていることが、外来種問題を停滞させる根本的な原因のように思います。殺生の議論に言葉を濁してしまう態度は、人殺しをしてみたかったと口にする犯罪が起きることと無関係とはいいきれません。あるいは生（性）の議論を避けているうちにSNSの情報拡散機能が性犯罪を氾濫させていることでさえ、命の扱いの議論と無関係ではないでしょう。私たちは、日常的に家畜の命を奪って生きていることも、外来種の殺処分も、命をいただいて生きているという一貫した思想の下に説明のできる社会にしておく必要があるように思います。このことは戦争が殺人であることを正しく理解することにもつながります。

けっきょくどうする外来動物

あれこれ問題を拾い出したせいで、けっきょくのところ外来動物をどうしたらよいのかわからんではないかといわれてしまっては元も子もありません。最後に、本題である外来動物とどのように向き合うべきか、私のたどりついた見解をまとめておきます。

●生物多様性思想の多様性

人類は地球という星の生態系に生まれた生物の一種ですが、何万年にわたる進化の過程でさまざまな動植物を利用して生きてきました。生物の移動も人類にとって必要な行為でした。つい最近、人類が生き残るために自然が必要であること、その本質である生物多様性が危機にあることに気がついて、それを持続させるための努力を始めました。人類が生き延びるための持続可能な開発目標（ＳＤＧｓ）でも、人類の危機を数値化して示す地球の限界論（プラネタリー・バウンダリー）でも、生物多様性は指標の一つとなっています。

現在の生物多様性条約は外来種を負の要素としていますが、外来種の扱いについてはさまざまな議論が生まれています。その問題提起のどれもが生物多様性を社会に意識させる重要な役割を果たしています。世界の各地で、なんらかの思想にもとづいて政策決定がされて、それぞれの現場で最大限の努力がされるでしょう。とはいえ、多様性を追求する人類は一つの目標に収斂していくことができるでしょうか。おそらく、なにが正しい選択であったかということは二二世紀のはじまりのころに理解することになるでしょう。

●地球環境の変化と外来種問題

科学の力によって確認された事実は、人間（ホモ・サピエンス）も含めて、地球の生物多様性は絶滅の淵に立っているということです。その大元の原因は、人間が利便性を追求し続けたことによって生じたさまざまな排出物です。もっとも深刻な事実は、大気の組成を変えてしまったことでした。地球はすでに「人新世」と呼ぶ新たな地質年代に入っており、数千年にわたってもとの環境には戻れないという現実の中にいます。

現象面として、地球（大気、海）の温暖化、極端な気象現象の発生、極地や氷河などの氷が溶けることによる海水面の上昇、二酸化炭素が溶けることによる海の酸性化、大地の乾燥化、火災や洪水といった大規模な災害の頻発、他にも環境中の化学物質や核物質、マイクロプラスチックの増加の影響など、たくさんあります。これらがもたらす大小さまざまな環境変動が複合的に作用して、地球の生物の全体が影響を受け、死滅したり、移動を強いられたり、絶滅の危機に陥っていきます。

生物の種組成が変われば、生物相互の関係性で成り立つ生態系の質が変わります。その変化を耐え抜いていく種が勢力を拡大します。人間によって運ばれて定着に成功した外来種ほどその可能性は高いとすれば、長い目で見れば、新たな生態系（ニュー・ワイルド）への変化は避けられません。とはいえ、外来種が持ち込む、人間にとっての「害性」についてはできるだけ封じ込めておくために、問題を見極め、変化を理解して、きめ細かく対応していくことです。

●害性を排除する

日本の外来生物法の根本思想は害性の排除にあります。現実にはとても手がまわらないので、害がなければ放置することにしたのです。在来種であれ、外来種であれ、人間に害を出す生物を排除するのは人間が生物であることの証です。種は生き延びることを目指すものです。ごく最近、生物多様性の中に人間にとって有益な価値を発見すると、その価値に害を与える現象を「生態系の害」としました。そして、生態系の害の指標を生物多様性に見出して、目標を「在来種を減らさないこと」としました。さらに、捕食、交雑、ニッチを奪うなど、在来種に深刻な影響をもたらす外来種を排除することにしました。とくに、個体数が減ってしまった在来種、そこにだけある固有種を護ることを優先します。

同様の視点で、在来種にも生態系の害を適用します。過密になって森林生態系を構成する植物群落を食べつくすシカは、密度を下げるために捕獲を強化します。「シカは植物を食べる在来動物なのに、なぜ排除しなくてはならないのか」との問いには、「それが必要なほど人間が生物多様性を追い詰めてしまったから」と答えます。それは、古代からの人間と自然（生物多様性）の関係について考えることで見えてきます。さらに、生態系の害は人間活動の規制にもあてはまるという前提を置いてこそ、合理的な一貫性が生まれます。それこそが二〇世紀以前の自然保護と二一世紀の自然保護との明確な違いです。

もちろん、人間の管理なんて必要としない、放置したままの自然の中で生きられる種がいればよいとする考え方も嫌いではありませんが、私は害性を排除する外来生物法の思想を支持します。そのうえで、強い害性を理由に法で指定した「特定外来生物」の対処が、中途半端に後回しにされている現実を憂慮します。それは日本の生物多様性が消失していくことへの懸念であり、法治国家のあり方としての懸念でもあります。まずは、ここから変える必要があります。

●みんなで調査しなければ問題は見つけられない

調査が実施されていない場所では生態系の害も外来種の存在も認知されません。在来種が消滅の危機にあってもだれも気がつきません。問題を早期に発見するには、広く多様な主体が地域の動植物を調査して、問題を理解したり、監視体制を整えたりすることが前提です。

生物の調査は地道で継続的な努力を必要とします。法制度の裏づけのある国や自治体の調査や、問題が浮上してから実施される調査もありますが、それらは希少な生物のすむ保護地域などに重きが置かれます。希少種にとどまらず、地域の生物多様性の全体を視野に入れて保全を進めていくには、より広く情報を集めなくてはなりません。大学、博物館、各種研究機関の研究者の活動が基本とはいえ、彼らの絶対数は少なすぎます。必要なことは地域住民の参加です。熊本県のクリハラリス対策の事例が示すように、地域の中学・高校の生物部の活動、ナチュラリスト、ＮＧＯ、彼らと専門家との連携で調査が継続されることです。それこそがもっとも効果を発揮します。

●予算と実行体制がなければ排除できない

たとえ調査によって特定外来生物が確認されても、予算と実行体制がともなわなければ排除はできません。そもそも排除には時間がかかります。現在の行政機関は国も自治体も慢性的な財政難と人手不足です。そんな社会の現実が外来種対策をその場しのぎにして、後回しにしています。

こうした事態を乗り越えていくために、まずは問題を確実に解決に持ち込むマスタープランを準備することです。それによって初めて税が投入され、実行体制を整えることができます。現在は、「意思決定支援システム（DSS: Decision Support System）」の導入が研究者らによって推奨されています。どんな手段で、どんな情報を収集し、どのように現状を評価するか。浮上した課題に対処するためにどんな計画を立てればよいか。実行体制と実行予算をどのように見積もればよいか。いずれＡＩの手助けに専門家が補完して戦略を立てられるようになるでしょう。目標を明確にして、地域にどんなメリットがあるかという理由もつけて、達成に向けた合理的な戦略を描くことができれば、多様な主体の合意によって、分野横断の実行体制をつくりだすことが可能となります。諦めないことです。

●社会の全体で「命」を議論する

おそらく、ペット由来の外来哺乳類ほど捕獲に対する抵抗感は大きく、殺処分にストレスがともないます。そのことが外来種対策の理解者や協力者が増えない根本的な原因になっているとしたら、当事者に押しつけて片づくものではありません。社会として日ごろから命の議論をしておくことが必要です。人間によるどうしても避けられない殺生とはなにか、そのことから目を背けず、倫理の問題として、さまざまな社会教育の機会を通して議論しておくことが必要です。そのことで外来哺乳類の殺生にともなう迷いを少しは減らすことができると思うのです。

おわりに

本書でおおいに参考にした『日本の外来哺乳類』は、出版から一〇年を経て外来動物がどうなったのか、社会の対応は進展したのか、それらを推し測るメルクマールです。その警告以来、研究者も対策に関わるワーカーも少しは増え、情報も蓄積されて、世間の認識も広まったはずですが、本書を書きながら、外来動物の勢いにはとても追いつけていない現実を知ることになりました。おそらく次の一〇年、SDGs目標年を過ぎるころには、秘かに隠れていた外来動物たちがいっそう大胆に姿を現し、頻繁に問題を起こす段階に入っている。なんて想像をしてしまうのは、人口減少と高齢化の進む日本の社会にますます混沌が広がり、めまぐるしい環境の変化に対応しきれずにいる人々の様子が浮かんでしまうからです。人新生の時代だからこそ、グローバルに責任を果たす社会へと移行するストーリーを早く見つけ出さなくてはなりません。

現在、頻繁に発生する大規模災害については、予防的な国土へと切り替える議論が始まっています。NbS（Nature based Solutions）という、自然をふまえて生態系の視点で問題を解決していく方法論が世界の潮流です。グリーンインフラとかEco-DRR（Ecosystem based Disaster Risk Reduction）といった概念も、持続可能な社会に向けた共通認識です。本書のテーマである外来動物の問題、あるいはシカの問題ですら、そこに浮上するリスクの一つであることに気づいてください。野生動物のことは、防ぐべき場所を緊急避難的に柵で囲み、問題を抑制するための環境整備を進め、適切な時期に効果的な場所で捕獲を遂行することです。人間への害を防ぎ、希少種の保護も、在来種の問題も、外来種の問題もすべてひっくるめて、生物多様性を包括的にマネジメントする仕組みをつくりあげることです。

次の時代を生きるみなさんには、突然にやってくる危機にあわてたりむだに恐れたりすることなく、リスクに正しく向き合ってしっかり生き抜いていただきたい。そんなことを願いつつこの本を書きました。そして、出版にあたっては東京大学出版会編集部の光明義文さんにたいへんお世話になりました。お忙しい中、突然に持ち込んだ私の原稿をおおいに評価してくださり、ようやく世に出すことができました。心から感謝しております。また、外来種にまるで関心のなかった私を現地に招いてくださり、話を聞かせてくださったみなさん、刺激をくださったみなさんのおかげで、この本を書き上げることができました。とくにお名前はあげませんが、ありがとうございました。ずいぶん勉強になりました。

こうして原稿を書いている私の足元で、里親探しを続ける東京都獣医師会を通してやってきた小笠原生まれの子ネコがじゃれています。生物多様性保全のお手伝いのつもりが、俄かボランティアな気負いも失せてしまうほどに、家族の笑顔と穏やかな日々をいただきました。子ネコは福も連れてきてくれたようです。みなさんも引き受けられてはいかがでしょうか。

二〇二四年　三月

羽澄俊裕

参考文献

[第 1 章]
ハラリ，Y. N.（柴田裕之訳）2016. サピエンス全史——文明の構造と人類の幸福. 河出書房新社.
篠田謙一. 2022. 人類の起源——古代 DNA が語るホモ・サピエンスの「大いなる旅」. 中央公論新社.
フランシス，R. C.（西尾香苗訳）2019. 家畜化という進化——人間はいかに動物を変えたか. 白揚社.
ダーウィン，C.（八杉龍一訳）1990. 種の起源. 岩波書店.
西村三郎. 2003. 毛皮と人間の歴史. 紀伊國屋書店.
宇仁義和. 2023. 日本の養狐事業と養狸事業の特徴と展開. オホーツク産業経営論集，第 31 巻（2）.
山田伸一. 2020. 1910～40 年代の千島・樺太・北海道の島々へのキツネの移入. 北海道博物館研究紀要 5.
ソロー，H. D.（飯田実訳）1995. 森の生活ウォールデン. 岩波書店.
レオポルド，A.（新島義昭訳）1997. 野生のうたが聞こえる. 講談社.
カーソン，R.（青樹簗一訳）1974. 沈黙の春. 新潮社.
エルトン，C. S.（渋谷寿夫訳）1955. 動物の生態学. 科学新興社.
エルトン，C. S.（川那部浩哉・大沢秀行・安部琢哉訳）1971. 侵略の生態学. 思索社.
ダイアモンド，J.（倉骨彰訳）2000. 銃・病原菌・鉄——1 万 3000 年にわたる人類史の謎. 草思社.
アレン，D. E.（阿部治訳）1990. ナチュラリストの誕生——イギリス博物学の社会史. 平凡社.
マッキントッシュ，R. P.（大串隆之・井上弘・曽田貞滋訳）1989. 生態学——概念と理論の歴史. 思索社.
羽澄俊裕. 2017. 自然保護の形——鳥獣行政をアートする. 文永堂出版.
日本生態学会（編），村上興正・鷲谷いづみ（監修）. 2002. 外来種ハンドブック. 地人書館.

[第２章]

麓慎一．2023．一九世紀後半における国際関係の変容と国境の形成――琉球・樺太・千島・「竹島」・小笠原．山川出版社．

常田邦彦・滝口正明．2011．ノヤギ――日本の状況と島嶼における防除の実際．日本の外来哺乳類――管理戦略と生態系保全．東京大学出版会．

橋本琢磨．2011．クマネズミ――島嶼からの根絶へ．日本の外来哺乳類――管理戦略と生態系保全．東京大学出版会．

ドリン，E．J．(北條正司・松吉明子・櫻井敬人訳)．2014．クジラとアメリカ――アメリカ捕鯨全史．原書房．

ダイアモンド，J．(倉骨彰訳) 2000．銃・病原菌・鉄――1万3000年にわたる人類史の謎．草思社．

小倉剛・山田文雄．2011．フイリマングース――日本の最優先対策種．日本の外来哺乳類――管理戦略と生態系保全．東京大学出版会．

長嶺隆．2011．イエネコ――もっとも身近な外来哺乳類．日本の外来哺乳類――管理戦略と生態系保全．東京大学出版会．

長谷川雅美．2017．伊豆諸島におけるイタチ導入――歴史と事実と教訓．Mikurensis――みくらしまの科学．

山田文雄．2017．ウサギ学――隠れることと逃げることの生物学．東京大学出版会．

遠藤薫．2023．〈猫〉の社会学――猫から見る日本の近世～現代．勁草書房．

マラ，P．P．・C．サンテラ（岡奈理子・山田文雄・塩野﨑和美・石井信夫訳)．2019．ネコ・かわいい殺し屋――生態系への影響を科学する．築地書館．

綿貫豊．2022．海鳥と地球と人間――漁業・プラスチック・洋上風発・野ネコ問題と生態系．築地書館．

[第３章]
白井啓・川本芳．2011．タイワンザルとアカゲザル――交雑回避のための根絶計画．日本の外来哺乳類――管理戦略と生態系保全．東京大学出版会．
川本芳・川本咲江・濱田譲・山川央・直井洋司・萩原光・白鳥大祐・白井啓・杉浦義文・郷康広・辰本将司・栫裕永・羽山伸一・丸橋珠樹．2017．千葉県房総半島の高宕山自然動物園でのアカゲザル交雑と天然

記念物指定地域への交雑拡大の懸念．霊長類研究 Primate Res., 33.
羽澄俊裕．2022．SDGs な野生動物のマネジメント——狩猟と鳥獣法の大転換．地人書館.
田村典子．2011．リスの生態学．東京大学出版会.
田村典子．2011．クリハラリス——個体群動態のモデル．日本の外来哺乳類——管理戦略と生態系保全．東京大学出版会.
安田雅俊．2017．九州に定着した特定外来生物クリハラリスの由来と防除．森林野生動物研究会誌，42．第 49 回大会公開シンポジウム記録「外来生物——私たちの問題」.
佐藤淳・石田浩太朗．2012．日本産テン類の系統地理学的研究．タクサ日本動物分類学会誌，32.
平川浩文・木下豪太・坂田大輔・村上隆広・車田利夫・浦口宏二・阿部豪・佐鹿万里子．2015．拡大・縮小はどこまで進んだか——北海道における在来種クロテンと外来種ニホンテンの分布．哺乳類科学，55(2).
佐々木浩．2011．シベリアイタチ——国内外来種とはなにか．日本の外来哺乳類——管理戦略と生態系保全．東京大学出版会.
坂田宏志．2011．ヌートリア——生態・人とのかかわり・被害対策．日本の外来哺乳類——管理戦略と生態系保全．東京大学出版会.
増田隆一．2024．ハクビシンの不思議——どこから来て，どこへ行くのか．東京大学出版会.
三浦慎悟．2018．動物と人間——関係史の生物学．東京大学出版会.
阿部豪．2011．アライグマ——有害鳥獣捕獲からの脱却．日本の外来哺乳類——管理戦略と生態系保全．東京大学出版会.
池田真次郎・飯村武．1969．日光のホンシュウジカ *Cervus nippon centralis* KISHIDA の生態と猟区に関する研究——日光国営猟区を中心として．林業試験場研究報告，第 220 号.

[第 4 章]

エルトン，C. S.（川那部浩哉・大沢秀行・安部琢哉訳）1971．侵略の生態学．思索社.
ピアス，F.（藤井留美訳）2019．外来種は本当に悪者か？——新しい野生 THE NEW WILD．草思社.
トマス，C. D.（上原ゆう子訳）2018．なぜわれわれは外来生物を受け入

れる必要があるのか．原書房．

トムソン，K.（屋代通子訳）2017．外来種のウソ・ホントを科学する．築地書館．

マリス，E.（岸由二・小宮繁訳）2018．「自然」という幻想——多自然ガーデニングによる新しい自然保護．草思社．

コルバート，E.（鍛原多恵子訳）2015．6 度目の大絶滅．NHK 出版．

ウィルソン，E. O.（狩野秀之訳）2008．バイオフィリア——人間と生物の絆．筑摩書房．

貴志祐介．2008．新世界より．講談社．

羽澄俊裕．2020．けものが街にやってくる——人口減少社会と野生動物がもたらす災害リスク．地人書館．

羽澄俊裕．2022．SDGs な野生動物のマネジメント——狩猟と鳥獣法の大転換．地人書館．

【著者略歴】

一九五五年　愛知県に生まれる
一九七九年　東京農工大学農学部環境保護学科卒業
一九八三年　野生動物保護管理事務所設立
一九九一年　同代表取締役社長就任
二〇一五年　同退任
　　　　　　立教大学ESD研究所客員研究員、東京農工大学農学府特任教授を経て、
現在　　　　環境省、自治体の各種委員会委員、神奈川県公園協会理事、博士（人間科学）
専門　　　　野生動物保全学

【主要著書】

『冬眠する哺乳類』（分担執筆、二〇〇〇年、東京大学出版会）
『自然保護の形』（二〇一七年、文永堂出版）
『けものが街にやってくる』（二〇二〇年、地人書館）
『SDGsな野生動物のマネジメント』（二〇二二年、地人書館）ほか

外来動物対策のゆくえ
生物多様性保全とニュー・ワイルド論

二〇二四年六月五日　初　版

検印廃止

著　者　羽澄俊裕（はずみとしひろ）
発行所　一般財団法人　東京大学出版会
代表者　吉見俊哉
一五三-〇〇四一　東京都目黒区駒場四―五―二九
電話：〇三―六四〇七―一〇六九
振替：〇〇一六〇―六―五九九六四
印刷所　株式会社　精興社
製本所　牧製本印刷株式会社

ISBN 978-4-13-063961-3 Printed in Japan